JN233447

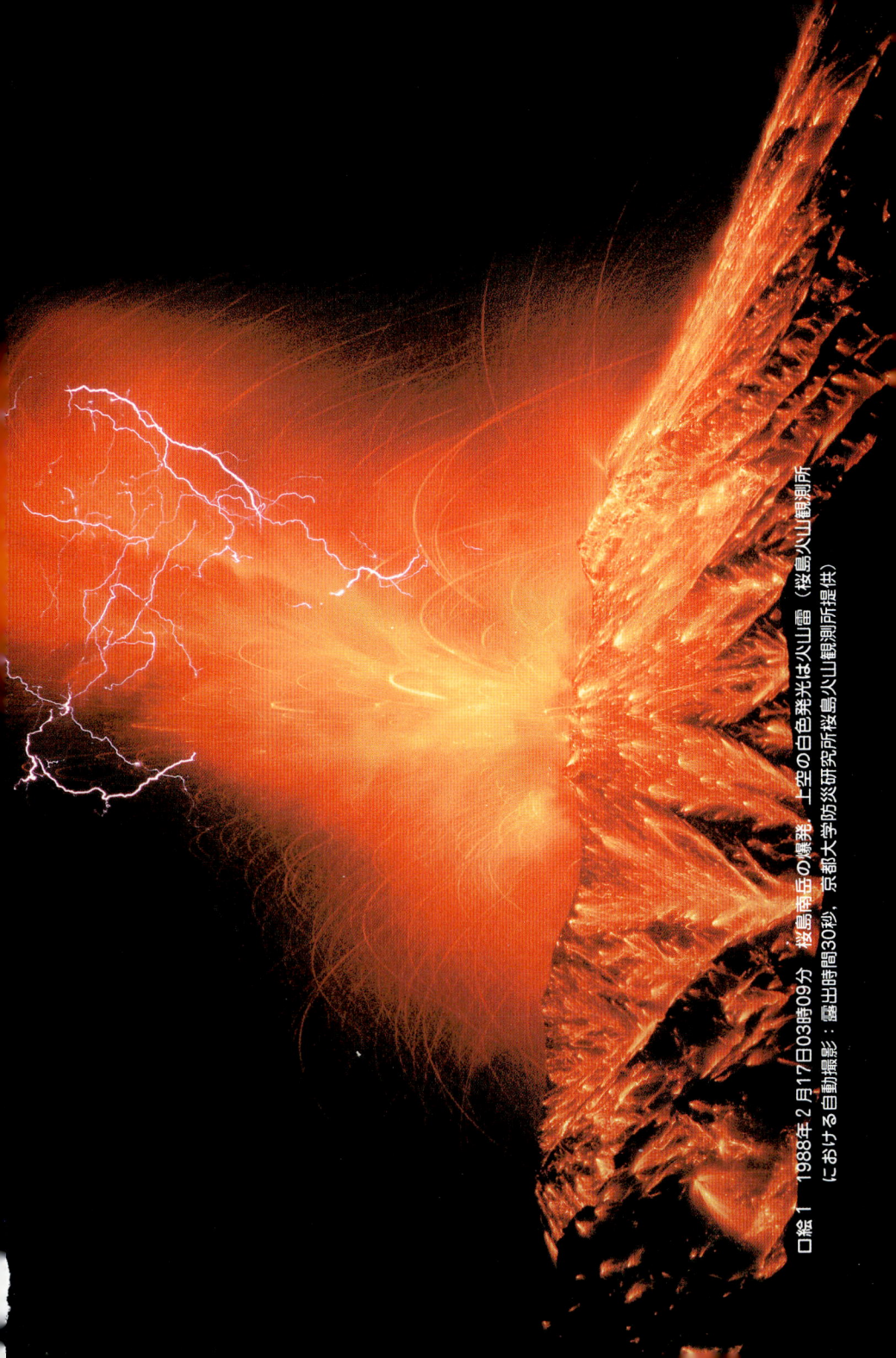

口絵1　1988年2月17日03時09分　桜島南岳の爆発．上空の白色発光は火山雷（桜島火山観測所におけるオートガイド自動撮影：露出時間30秒，京都大学防災研究所桜島火山観測所提供）

口絵2　1991年8月26日雲仙普賢岳噴火による深江町上空をおおう火砕流の噴煙
　　　（毎日新聞社提供）

口絵3　1973年浅間山の爆発的噴火（行田紀也撮影）

口絵4　1986年1月21日福徳岡ノ場海底火山の噴火（小坂丈予撮影）

口絵5　2000年3月31日有珠山の噴火．手前は虻田町入江地区（毎日新聞社提供）

口絵6　2000年3月31日有珠外輪山北西山麓からの噴火
　　　（2000年4月9日中田節也撮影）

口絵7　1990年4月21日アラスカ　リダウト火山の噴火（Joyce Warren 撮影）

口絵 8　1986年11月21日伊豆大島三原山のカルデラ内の割れ目噴火（阿部勝征撮影）

口絵9　1986年11月17日伊豆大島三原山の噴火（中越良平撮影）

口絵10
新島流紋岩溶岩の走査電子顕微鏡写真（下鶴大輔）

口絵11　1970年9月秋田駒ヶ岳のストロンボリ式噴火（行田紀也撮影）

口絵12　1959年9月アフリカ　ニイラゴンゴ火山山頂火口内に形成された溶岩湖
　　　　（下鶴大輔撮影）

火山のはなし

災害軽減に向けて——

下鶴大輔●著

朝倉書店

まえがき

　火山の研究にはロマンがある．それは，覗いてみることができない地球内部の物質が様々なパフォーマンスをわれわれの目の前で展開してくれるからだ．研究している仲間はいわゆる地球科学者といわれる人達だが，それぞれの専門分野は異なっており，地球物理学，地球化学，地質学・岩石学の専門家が，たとえていうならば，三角錐のそれぞれの面を分担して三角錐の頂点を目指しているのである．この三つの分野がお互いに浸透しつつ研究を進めていることはもちろんである．

　火山研究の原則は，「みる」，「はかる」，「たしかめる」である．これが研究のゴールデンルールというべきものだろう．

　「みる」は，噴火現象の観察と記録が基本である．火砕物の放出，噴煙の上昇，溶岩の流れ方，火砕流の流下など，実際に自分の目で見たり，映像を通して綿密に観察すること，そして，噴火現象の時間経過を記録することである．さらに，地質学者は過去の噴出物の層序や物質を調べて，それぞれの火山の活動史を構築している．これも野外観察が基本になっている．

　「はかる」は，火山に起こる様々な現象，たとえば，地震，微動，地磁気変化，地殻変動，火山ガス，重力変化，温度変化などを工夫をこらした観測機器で測定することが行われている．目視ではわからない火山内部のうごめきを精密な観測技術で定量的に捉えるのである．近代になってGPSを初めとして観測機器が格段に進歩しているので，研究者の努力と裏付けされた経費があれば，噴火予知にも基本的な役割を果たすことになる．「みる」と同時ドッキングさせれば噴火のメカニズム解明に威力を発揮することになるであろう．

　「たしかめる」は，「みる」や「はかる」でわかったことを，理論的に，また，室内の実験で検証することである．高温高圧下の実験は実験岩石学としての地位を確かなものにしてきているし，マグマ溜り，マグマの発泡などの噴火の素過程の研究も進んでいる．さらに，研究者が協力して，人工震源を使って

火山体内部を通過する地震波を観測解析して火山の内部構造を調べる研究が盛んに行われている．また，ボーリング技術を使って火山を掘ってみようという計画もある．このように，「たしかめる」は「はかる」で得られたデータを解釈する上で欠かせない研究なのである．

　上に述べた3原則は言葉でいうほど簡単なものではない．ロマンもどこかに吹き飛んでしまう．汗水たらして藪こぎをしながら，重い地震計や機材を背負って観測網を完成させるのも研究者の役目だ．実験装置にしても改良に改良を重ねないと信頼度の高い結果は得られない．これは火山学の研究に限ったことではない．すべての研究に共通するものであろう．ただ，再現不可能な自然現象を研究対象にしている研究者は，気ままな火山といつも対話していく宿命にある．火山が好きでなければできない研究である．

　一方では，噴火による災害が発生する．災害規模の予測も困難な作業である．これは人命・財産に関わることだから，研究者として社会の要望に応えなければならない．特に活動がどのように続き，いつ収まるのかが地元の住民や行政にとって一番知りたいところだ．このむずかしい問題にはいつも悩まされることになる．予知の限界がありながら，社会はそれを許さない風潮にあるように見える．科学的に厳密であろうとすればするほど，予知・予測がむずかしくなってくるのは，いくつもの噴火を経験しての実感である．科学者の直感が長い間の経験に裏打ちされたものであれば，それはそれなりに重要ではあるが，これは個人の資質に関わるということに注意しなければならない．

　科学者だけでなく，火山地域の住民や地元行政はもちろんのこと，報道に携わる関係者も火山現象というものを理解して欲しいと思い，本書の執筆を思い立った．

　2000年6月

下　鶴　大　輔

目　　次

1. はじめに ───────────────────────── 1
2. どうしてそこに火山があるのか ──────────── 7
   2.1 火山と活火山の定義　*10*
      a. 火山の定義　*11*
      b. 活火山の定義　*12*
   2.2 マグマはどこから　*15*
      a. ホットスポット型火山　*17*
      b. プレート消滅型火山　*18*
      c. 海嶺型火山　*20*
   2.3 マグマ溜りが弾薬庫　*20*
      a. 地震学的手法　*21*
      b. 地殻変動観測による手法　*27*

3. 噴火の理由 ───────────────────────── 31
   3.1 マグマに溶け込んでいる気体が犯人　*32*
   3.2 マグマの性質と噴火の多様性　*33*
   3.3 爆発的噴火の理屈　*37*

4. 噴火の前兆 ───────────────────────── 41
   4.1 火山活動とは　*42*
   4.2 宏観異常現象　*43*
      a. 1914(大正3)年桜島の噴火　*46*
      b. 1977〜1982(昭和52〜57)年有珠山の噴火　*48*
      c. 1983(昭和58)年10月3日三宅島の噴火　*48*

5. 噴火の予知と予測 ─────────── 51
5.1 噴火予知の社会的背景　*52*
　　a．国内的背景　*52*
　　b．国際的背景　*56*
5.2 噴火予知の5要素と問題点　*57*
　　a．いつ噴火が起こるか　*58*
　　b．どこから噴火するか　*60*
　　c．噴火のタイプ　*62*
　　d．噴火の規模　*62*
　　e．いつ終息するか　*63*

6. 最近の噴火の事例 ─────────── 65
6.1　1983年三宅島の噴火　*66*
6.2　1986年伊豆大島の噴火　*68*
6.3　1989年伊豆東部火山群の海底噴火　*72*
6.4　1990〜1995年雲仙普賢岳の噴火　*74*
6.5　1983〜1985年ラバウルカルデラの危機　*80*
6.6　2000年有珠山の噴火　*84*

7. 火山災害の特徴 ─────────── 89
7.1　災害の分類　*90*
7.2　災害の範囲は3次元　*92*
　　a．Tephra Hazards　*94*
　　b．Flowage Hazards　*100*

8. 災害軽減のために ─────────── 121
8.1　防災機関としての気象庁の火山監視の歴史　*122*
8.2　火山情報と問題点　*125*
　　a．火山情報の法律的根拠と歴史　*125*

b. 諸外国の火山情報　*127*
 8.3　火山噴火予知連絡会　*134*
 8.4　火山災害予測図　*136*
   a. 歴史的背景　*136*
   b. 火山選択の基準　*138*
   c. 危険度評価のための作成手順　*139*
 8.5　自治体の危機管理　*141*
   a. 避難指示と解除，規制の問題　*147*
 8.6　情報伝達としてのマスメディア　*150*

文　献 ———————————————————— *156*
あとがき ———————————————————— *160*
索　引 ———————————————————— *163*

1. はじめに

> The most spectacular and dynamic
> phenomena of Nature are
> Aurora in the Heaven
> and
> Volcanic Eruptions on the Planet Earth
> ―Daisuke Shimozuru―

1970年9月秋田駒ヶ岳のストロンボリ式噴火(行田紀也撮影)(口絵11)

1. はじめに

　前頁表題の英文は「自然現象の中で　最もダイナミックで　素晴らしいのは天にオーロラ　地に火山噴火」という意味である．火山噴火による災害が人間を苦しめ，あるいは悲劇をもたらすことは歴史上宿命のようなもので，災害に遭われた方々には申し訳ないと思うが，表題の言葉は正直なところ私の率直な実感である．

　1942（昭和17）年に第二高等学校（旧制）に入学して今でいう部活として科学部に身を置いた．当時の野邑教授（物理学）が夏休みの期間中，科学部生徒を連れて鬼首間欠泉の各種の観測を行った．これはほぼ一定の時間間隔で熱水が噴騰する現象で，そのメカニズムを調べる目的であった．間欠泉のメカニズムについてわが国では本多・寺田両先生の研究があり，また，古くから空洞説と垂直孔説とがあった．私達の研究は実測によって間欠泉のカラクリを決定しようというものであった．噴騰の時間間隔，熱水温度変化，噴騰高度などを教授の指導のもとで若者の情熱を傾けて観測を行ったわけである．このときに学んだことは，目的を持って工夫をこらした観測がいかに大切で不可欠なものかということであった．さらに，熱水の噴騰現象の素晴らしさは若者の心を揺さぶったのであった．

　この夏休みの観測が私の自然現象への好奇心の芽生えになったと思っている．大学卒業後，東京大学地震研究所の助手になったのが1947（昭和22）年で，翌年福井地震の調査に出かけた．1950（昭和25）年から始まった伊豆大島三原山の噴火では，高橋龍太郎教授のお供をしておもに地形変化の測定などを行った．これが火山との最初の出会いであった．灼熱の溶岩が火孔から断続的に吹き上げる光景に立ちすくむ思いであった．これが表題に書いたキャッチフレーズになった．初めて目の前に繰り広げられる溶けた岩石の乱舞が私の生涯の仕事を決定づけたと思う．

　この地球上では，地震が起き，火山が噴火し，台風や洪水といった災害をもたらす自然現象が絶え間なく起きている．このような現象を制御できないものだろうか．それが可能ならば，人種・宗教・領土などの厄介な問題から起こる争いを別として，人類は多分幸福な生活を営むことができるに違いない．宇宙に目を転ずると地球はちっぽけな一つの惑星にしか過ぎない．太陽は核融合によって膨大なエネルギーを放出し続けており，地球もまた，高温の内部から熱

を大気に吐き出している．これらはエントロピー増大という熱力学の法則に従っており，宇宙が遠い未来にエントロピー最大に向けてすべての現象が進行しているのだ．これは自然の法則であって，火山噴火もこの法則に従って地球内部の熱エネルギーを外部に放出しているに過ぎないのである．それだから，噴火による災害軽減は可能でも，噴火や地震・台風などを地球上からなくすことは不可能なのである．

すべての自然現象は次の簡単明瞭な原理に支配されている．

① 媒質の不連続点・線・面（一次，二次不連続）で発生する．完全で均質な媒質の中では起きない．

② 最小のエネルギーの損失で最も効率の良い物理過程を選択する．

この簡単な原理をわれわれが解くことができれば，噴火を含めた火山現象をもっと良く理解することができるわけだ．しかし，残念ながら現在われわれはまだ理解するに至っていないのである．その理由のおもなものは，地球内部特に地殻と火山体内部の構造の複雑さからきている．極域の上空に現れるオーロラの正体はすでに解明され，カーテンの裾はほぼ正確に100～105 kmの高さで，アラスカではその出現日時と観察できる地域の予報に成功しているという．オーロラは大電力の放電現象で，アラスカでは発電所の停電，石油パイプラインの腐食，長距離の短波通信障害などの影響があるが，その予報の実用化に成功しているのはうらやましい限りだ．地震や噴火もそのようになればいうことはないが，先にも述べたように複雑な媒質の中で起こる現象であるから，われわれの理解は十分ではない．

さて，そのような事情だから，噴火を事前に予知して災害をできるだけ軽減することが科学者と行政にとって最大の目標となるのである．しかし，問題がそう簡単でないことはあとの章で詳しく述べよう．天気予報で晴れと予報を出して雨が降っても表面的には大きな社会的問題にはならないが，噴火の場合，まだ大丈夫と思っている間に噴火が起これば大きな社会的問題となることは身にしみて経験したことである．大体，活火山とその周辺の風光明媚な地域は国立公園に指定されている場合が多く，また，温泉が豊富で観光地になっている．シーズンにはたくさんの観光客が訪れるから，周辺の町の経済基盤は観光産業で成り立っている．ひとたび火山情報が出ると，ホテルの予約キャンセル

など経済的打撃を受けるのが通例である．噴火でもしようものなら観光客はゼロとなる．まさに自然まかせというわけだ．マグマの熱で温泉が出るという恩恵を蒙る一方，そのマグマの活動で災害が生ずるという重要な社会現象に賢く対処するパラダイムはどうしたらよいのだろうか．これには，われわれ科学者と行政，マスメディアのほかに地元住民，観光客が自然に謙虚に相対して，お互いが協力することが基本となろう．

　噴火予知や噴火災害の軽減のためには，まず火山現象の本質を理解することが出発点であるから，本書では噴火はなぜ起こるのかということから説明をしよう．そして，噴火予知と問題点，さらにどのような災害が起こるかについて述べ，災害軽減のための危機管理などできるだけ平易に述べる．

　本書は火山学の学術書ではない．読者対象は学生，自治体の防災担当者，マスメディア，あるいは一般の火山に興味がある方々を目指したつもりである．最後に読者の便宜のために簡単に手に入る日本語の書物を巻末に掲載した．本書が火山噴火という自然現象の理解と火山災害の軽減に少しでも役立てば筆者の喜びこれに過ぎるものはない．

Coffee Break

日本の山岳の名前で数字が付いている山の例
- 一　一切経山（福島）　一ノ倉岳（群馬・新潟）
- 二　二つ森（青森・秋田）　二王子岳（新潟）　二ノ森（愛媛）
- 三　三原山（東京）　三つ峠山（山梨）　三瓶山（島根）　三国山（北海道）
- 四　四ツ滝山（青森）
- 五　五葉山（岩手）　五頭山（新潟）
- 六　六角牛山（岩手）　六甲山（兵庫）
- 七　七ツ岳（北海道）　七時雨山（岩手）　七面山（山梨）
- 八　八幡平（岩手）　八甲田山（青森）　八幡岳（北海道）　八海山（新潟）
- 九　九重山は火山名で三角点の名称は久住山
- 十　十勝岳（北海道）　十枚山（山梨）　十方山（広島）　十石山（長野・岐阜）
- 千　千ケ峰（兵庫）

1. はじめに

　　万　万年山（大分）
面白い名前の山
　　暑寒別岳（しょかんべつだけ　北海道）
　　博士山（はかせやま　福島）
　　迷岳（まよいだけ　三重）
　　祖父岳（じいだけ　富山）
　　祖母山（そぼさん　大分・宮崎）
　　姥ヶ岳（うばがたけ　福井）
　　爺ヶ岳（じいがたけ　富山・長野）
　　徳右衛門岳（とくえもんだけ　静岡）
　　小五郎山（こごろうやま　山口）
　　小太郎山（こたろうやま　山梨）
　　太郎山（たろうやま　栃木）
　　野口五郎岳（のぐちごろうだけ　富山・長野）
　　雁腹摺山（がんがはらすりやま　山梨）
名前の番付け

朝日岳（旭岳，朝日山）	9山	剣が峰	6山
国見山（国見岳）	8山	茶臼岳（茶臼山）	5山
駒ヶ岳	8山	大日山（大日岳）	5山
硫黄岳（硫黄山）	7山	矢筈山（矢筈岳）	5山
烏帽子岳（烏帽子山）	8山	妙見山	4山
御岳	6山	釈迦ヶ岳	4山
中岳	6山	黒岳	4山

　　　　　　　　　　（日本の山岳標高一覧　国土地理院平成3年より）

2. どうしてそこに火山があるのか

インドネシア・ジャワ島にある Merapi 火山（右）と Merbabu 火山（左）。インドネシアには火山が島弧に沿って多数分布している。西暦 1000 年以降噴火の記録がある火山は、Sumatra（12），Jawa（21），Bali-Lombok Sumbawa（5），Flores-Banda-Sulawesi-Sangir-Maluku Utara（37），合計 75 火山ある。噴火の記録が不明な火山も入れると総計 120 を数える。写真右の Merapi 火山は最も頻繁に噴火してメラピ型といわれる火砕流を出す。

プレート理論によれば，地球表面は大小さまざまな多くのプレートと呼ばれる岩盤に分かれていて，それぞれの岩盤がアセノスフェアと呼ぶ高温のために粘性が低い厚さ数百 km の層の上を相対的にゆっくり運動している．運動している隣のプレートの間には大きく分けて，(高角で衝突する)―(低角でずれる)―(離れていく) の3種類がある．この相対的な運動によりプレートの境界を (収束または消費境界)―(横ずれ境界)―(発散または生産境界) という．たとえば，環太平洋に分布する火山はプレートの消費境界 (プレートの沈み込み) にあるといった具合である．わが国の火山も太平洋プレート，フィリピン海プレート，ユーラシアプレート，北米プレートが衝突する境界にある．また，プレートが離れていく場所では，その隙間を埋めるようにマントル物質が上昇してきて新鮮なプレートを生産している．この例としては，大西洋中央海嶺がその代表的なもので，アイスランドの火山はこの海嶺の上にある．また，プレート内に存在する火山もある．たとえば，太平洋の中央にあるハワイ島はホットスポットと呼ばれ，マントル物質が直接上昇噴出する．南極のエレバス火山もホットスポット型の火山である．地球上にはホットスポット型火山といわれるものが数多く存在している．さらにアフリカプレート内の東アフリカ地溝はプレートが引き裂かれて，その中に火山が存在している．横ずれ境界ではマントル物質の収支はゼロだから火山は存在しない．このように，地球上の火山の分布はデタラメではなく，プレートの存在とその運動に密接に関わり合っているのである．このような考えで火山を分類すると表2.1に示すようになる．

表2.1に仕分けした火山の活動度を円グラフで示すと図2.1のようになる．この図によれば，記録が残っている噴火はプレートが沈み込む (サブダクショ

表 2.1 地球上の火山の分布の分類

火成活動のタイプ	区分	例
海嶺型	海洋底中央海嶺	大西洋中央海嶺
		東太平洋海膨
	大陸地溝	東アフリカ地溝
プレート内型	ホットスポット	ハワイ
サブダクション型	島弧	日本列島, 南米アンデス

2. どうしてそこに火山があるのか

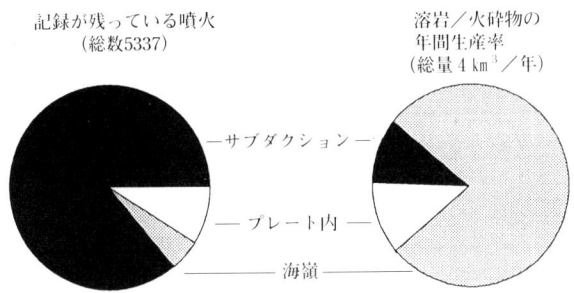

図 2.1 地球上に残っている噴火数の割合（左）とマグマ噴出率の割合（右）（Simkin ら，1994）

ン）境界で圧倒的に多いことがわかる．一方，噴火で地表および海底に噴出する物質の割合は海嶺が最も多く，地球上の火山活動の約80%を占めている．この理由は海嶺の拡大速度が大きくマントル物質が比較的容易に大きい噴出率で出てくるからである．沈み込み帯での噴出率が海嶺に比べて少ないのは，冷たいプレートが沈み込んだ深部でマグマが二次的に生産されて，上昇の過程で冷却など熱エネルギーを失うことによる．

わが国の火山の分布はどうなっているだろうか．

霧島山という名前の火山体はなく，高千穂・大浪・新燃岳・韓国岳・白鳥山など多数の火山の総称で霧島火山群というべきものであり，伊豆半島東部の火山の集合体を伊豆東部火山群と呼んでいる．このような総称でいうならば，わが国の第四紀火山は250を数える．

そこで図2.2を見ていただこう．これは太平洋側に発生する浅い地震の分布，海溝，プレートと火山の位置関係を示している．地震も火山も海溝にほぼ平行に配列していることがわかる．火山帯の東縁に沿って書いてある点線は火山フロントと呼ばれている．このフロントの海側には火山はなく，フロントの内側に分布しているのが特徴である．さらに，地震帯と火山帯との間が空白になっていることも重要なことだ．地震のプロットは震源を地上に投影したいわゆる震央であり，火山は地球深部で発生したマグマが上昇した噴出地点である．このことから，マグマの発生は列島の内陸部の深いところで発生していることを暗示している．

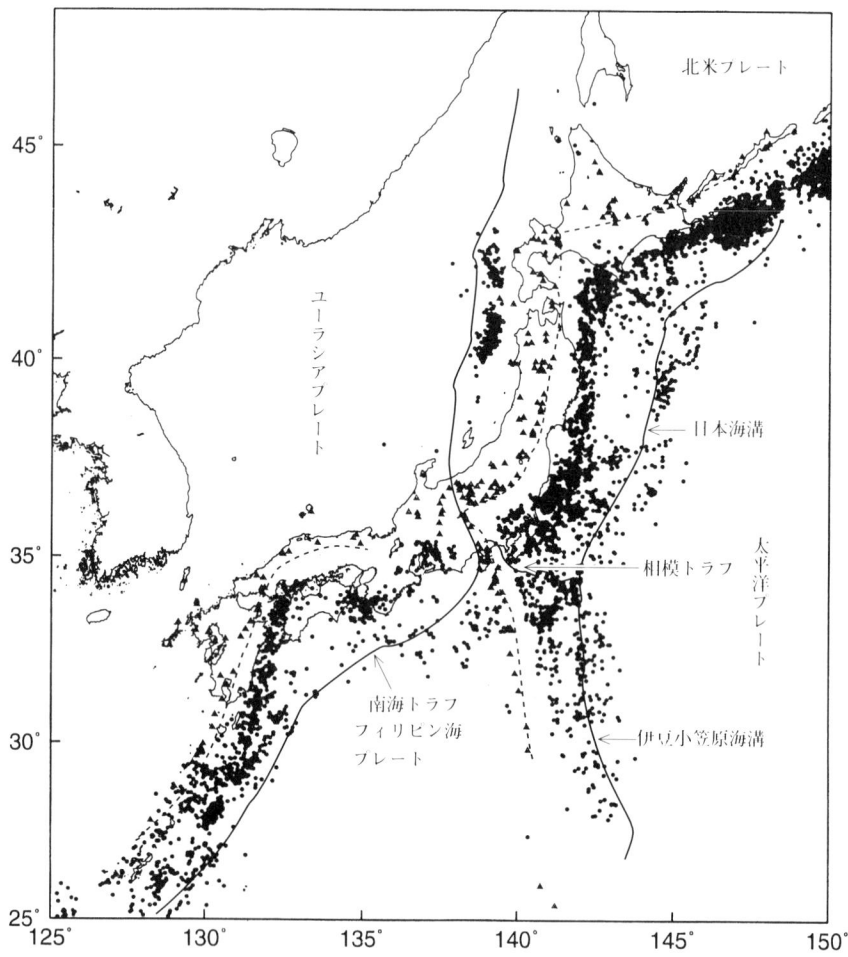

図 2.2 日本列島および周辺の火山（▲）と地震（●）（気象庁，1983～1998，M≧3.5，深さ 40～60 km）の分布と海溝・プレート境界．鎖線は火山フロント（吉井敏尅の図（未発表）に加筆）

2.1 火山と活火山の定義

いままで第四紀の"火山"の分布を概観してきた．一方，"活火山"という言葉もある．どう区別しているのだろうか．長野新幹線で関東平野を延々と旅をして，いよいよ碓氷峠にさしかかろうと横川駅を過ぎるとき，左の車窓にゴ

ツゴツした険しい妙義山が迫ってくる．トンネルを過ぎて軽井沢に着くと，右手前方におだやかな山容の浅間山が見えてくる．この二つの山の形は全く異なり，妙義山はいかにも男性的であり，浅間山は女性的に見える．妙義山は第四紀以前に形成された溶岩流や溶結凝灰岩を含む火砕岩から成る山体だが，長期間の浸食作用のため，溶岩の噴出中心は不明で山塊ではあるが火山とはいえないということである．一方，なだらかな形をした浅間山は数万年前に生成した黒斑火山の活動から始まり，ほぼ1万年前に現在の前掛山からの噴火が始まり，古い山体を覆って，その後大規模な噴火を繰り返して現在の形となっている．噴火のつどの軽石・火山灰・溶岩の堆積によってなだらかな形となっているのだ．歴史時代から現在に至るまで噴火活動は活発である．火山という言葉からは"火を噴く山"という印象を受け，一方，活火山からは"活発に火を噴く山"というように理解される．外国語では火山をVolcano, Vulkan, Volcanという．言葉の由来はこうだ．古代ギリシャ人はイタリアのシシリー島にあるエトナの噴火活動は，地中の火の神Hephaestusが神の武器を，煙を出し火花を散らして鉄床（カナテコ）で打っていたと信じていた．ローマ人は彼をVulcanと呼び，彼の住処が現在のリパリ島のVulcanoとしたことから，Vulcanoがわれわれが現在使っているVolcanoになっている．これを火山と訳しているが，語源としては"火"に関係していることは確かだ．ほかにインドネシアでは火山のことをGunungapiという．Gunungは山，Apiは火という意味だから火山ということになる．少し横道にそれたので本題に戻ろう．

a．火山の定義

「地下のマグマが地表近くに達して噴出した結果作られる地形を火山という．必ずしも凸の地形ばかりではなく，噴火によって沈降したカルデラのような凹の地形も含まれる．直径500 km超，高さ25 km超の超大型のもの（火星のオリンパス山の例）から，わずか10 mくらいの小型のものまである．多数回の噴火で山体を作るか，一回の噴火でできるかによって，複成火山，単成火山の別があり，一般に前者（楯状火山，成層火山）は大きく，後者（火砕丘，溶岩ドームなど）は小さい．小型火山は大型火山の側火山（寄生火山）として生ずることも多い．火山体の構成物質は一般に溶岩・火砕物・岩脈のいずれかま

たはすべて．浸食が進んで山体が原形を失い，再活動の可能性のないものは地質学上"火山岩類"として"火山"とは区別される．結果的に"火山"は第四紀に属して，第三紀以前に活動した火山は現在"火山岩類"であることが多い．マグマが地上に噴出しなくても粘性の高いマグマが地表を押し上げてできた地形も火山といってよいだろう．」（大島　治氏私信）

　火山の定義を上のように考えると，わが国の第四紀に生成した火山は250ということになるのである．だから妙義山は火山とはいわず，浅間山は火山ということになる．昔は，火山を活火山，休火山，死火山の三つに分けていた．この分類は，現在活動している火山，数百年前には噴火したがその後は静かな火山，最後の活動が数万年前ですでにマグマ供給が途絶えて死んでしまった火山という意味合いであった．ここで問題になるのは，休火山の定義だ．富士山を休火山と答える人が多い．富士山の最後の噴火は江戸にも降灰をもたらした1707（宝永4）年の噴火で，その後は静かで夏には登山客で賑わっている．

　世界の火山の噴火の休止期は数百年と長いものが少なくない．たとえば，わが国では木曽御嶽山は1979年に水蒸気爆発をしたが，歴史時代には噴火の記録は見つからないのである．最近では死者を出した雲仙普賢岳の1991年の噴火の前は，1792年，1663年であったし，今世紀最大級の噴火をしたフィリピンのピナトゥボ火山の1991年の噴火は約500年ぶりであった．また，1980年北米セントヘレンズ火山の大噴火は123年ぶりの出来事であった．このように長い間静穏で美しい景観を誇らしげに見せている火山でも，実は将来活動をするエネルギーを内部に秘めているのだ．

　このように考えると，人間の寿命をはるかに越えて静穏な火山でも将来噴火しないという保証はないのだ．したがって，休火山という言葉は使わないことになっている．生きている火山か，死んでいる火山かに分ける以外に方法がないのが現状である．それでは，一般に使われている"活火山"の定義はあるのだろうか．

b．活火山の定義

　1918（大正7）年，震災豫防調査会が，明治以降噴火した火山と最近噴火していないが，噴火の記録が残っている火山として52火山（北方領土を含む）

2.1 火山と活火山の定義

を日本の活火山としたのが最初であった．一方，世界的に見て活火山 (active volcano) の定義ははっきりしていなかった．このために，火山学の国際的学術団体である国際火山学協会 (International Association of Volcanology, 現在は国際火山学地球内部化学協会 International Association of Volcanology and Chemistry of the Earth's Interior, 略号 IAVCEI) は地球上の活火山のカタログを作成することとなり，UNESCO の資金的援助のもと，地域別のカタログの刊行を計画した．表題は「Catalogue of The Active Volcanoes of The World including Solfatara Fields」というもので，「噴気地帯を含む世界の活火山カタログ」である．1951 年に第 1 巻としてインドネシアが出版され，最後は 1975 年に第 22 巻としてニュージーランドが陽の目を見た．わが国のカタログは久野 久の編集で第 11 巻として 1962 年に出版された．これが，わが国の活火山カタログとしての正式な出版物であった．このカタログには，マリアナと台湾が含まれているので，これらを除くと 72 火山ということになる．活火山カタログの選択の基準としては，「歴史時代に噴火の記録のある火山と噴火の記録がなくても活発な噴気活動がある火山」であった．しかし，この基準そのものには問題があった．たとえば，地中海の火山では紀元前からの噴火の記録がある一方，未開の地域や文字文明のない地域では，噴火の実績はせいぜい 200～300 年ほどしか遡れないのだ．わが国では 1975 (昭和 50) 年に気象庁が「日本活火山要覧」を刊行した．活火山の選定としては，「歴史時代に噴火活動の記録のある火山，及び噴火の記録はないが噴気活動のある火山」として，北方領土の 10 火山を含めて 77 火山をわが国の活火山とした．

一方，1955 (昭和 30) 年から桜島の南岳から噴火が始まり，市街地に火山灰が降るようになった．1973 (昭和 48) 年 7 月に「活動火山周辺地域における避難施設等の整備等に関する法律」が制定され，降灰による被害に対する措置が確定した．その後，国内の火山災害を含めて，1978 (昭和 53) 年 4 月に，この法律が「活動火山特別措置法」に改正された．これがいわゆる「活火山法」といわれる法律である．活火山法の第 21 条第 1 項には，「国は，火山現象に関する観測及び研究の成果に基づき，火山現象による災害から国民の生命及び身体を保護するため必要があると認めるときは，火山現象に関する情報を関係都道府県知事に通報しなければならない」と決められており，この法律は国

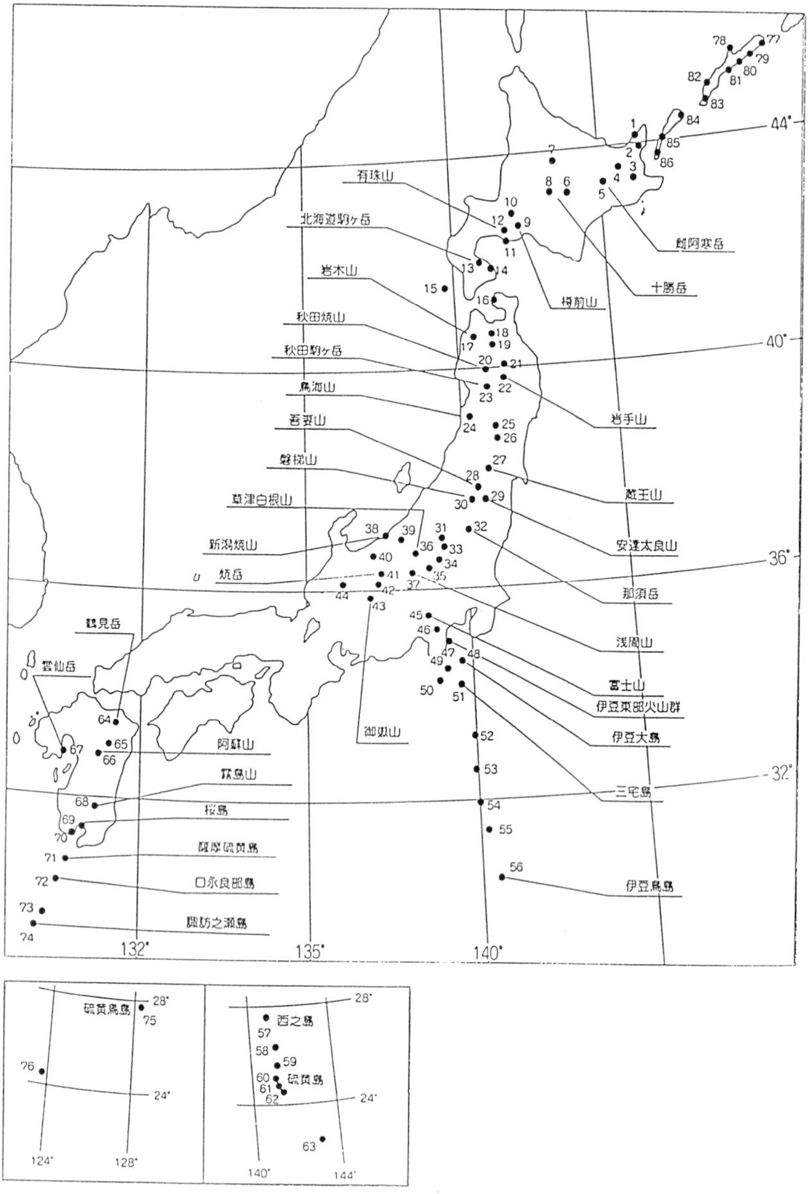

2. どうしてそこに火山があるのか

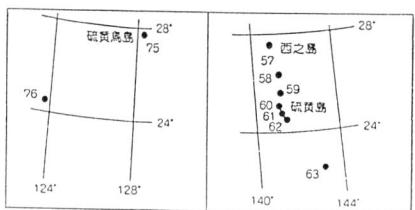

図 2.3 日本の 86 の活火山（気象庁）

の防災機関の一つとしての気象庁に法律的義務を負わすこととなった．1983（昭和58）年の三宅島の噴火を契機に国土庁による「活火山総点検」の要望が出て，1984（昭和59）年に気象庁は先に刊行した「日本活火山要覧」を改訂して「日本活火山総覧」を出版した．活火山数には変更はなかった．

気象庁としては，それまで曖昧だった「活火山」の定義をはっきり決めなくてはならなくなったのであった．そのうち，火山地質学者は，火山地域の噴出物の年代決定をして，記録に残っていない新しい噴出物を見つけだしていた．火山噴火予知連絡会では，1988（昭和63）年の火山噴火予知連絡会において，「活火山検討ワーキンググループ」を設置して何をもって活火山にするかの「尺度」の検討を1988（平成元）年から3年にわたって行った．その結果，1991（平成3）年2月の火山噴火予知連絡会で「過去およそ2000年以降に噴火した火山及び現在噴気活動が活発な火山」を活火山とすることとした．この2000年という数字には特に科学的根拠はなかった．これによって，それまで北方領土を含めて77あった活火山が6火山（丸山，恵庭岳，倶多楽，十和田，榛名山および北硫黄島近海の海底火山を海徳海山と噴火浅根に分けた）増えて活火山は83になったのである．さらに，1996（平成8）年10月の予知連絡会で，羅臼岳，燧ヶ岳，北福徳堆の3火山が追加されて86火山となった．この活火山の定義は火山学会の総意によるものではなく，気象庁が用いる数である．諸外国でも活火山の定義はそれぞれ異なる．将来，噴出物調査が進めば，わが国の活火山の数は増える可能性がある．また，火山の寿命が長いことを考慮し，噴火による災害軽減方策のために，活火山を過去1万年に遡って噴火した火山を活火山と定義しようという風潮もある．繰り返して述べるが，活火山の定義は学問的なものではなく，国際的に決められているものでもない．83個の活火山については，気象庁による1991（平成3）年3月刊行の「日本活火山総覧（第2版）」に詳しく記述されている．さらに図2.3は現在の86の活火山を示している．

2.2 マグマはどこから

マグマとはギリシャ語で"粘っこい液体"という意味で岩漿ともいう．地球

内部は図2.4に示すように外皮としての薄い地殻の下にマントルという岩石圏があり，中心部は鉄-ニッケルの地球核である．地球表面から内部にいくに従って圧力も温度も上昇する．地球内部を通ってくる地震波の解析から，内部の密度分布もわかり，深さと圧力の関係も明らかになっているが，内部の温度分布の正確なところは明らかではない．圧力が上昇すると物質の融解温度は理論的に，また実験的に上昇することは早くからわかっていた．マントルを構成する岩石は，火山岩の中に捕らわれてくる岩石（捕獲岩）の研究からカンラン岩であることがわかっている．実験室の中で圧力と温度の組み合わせを変えて成分が異なる人工の岩石の溶融実験を行い（これを実験岩石学という），どのような圧力と温度のもとで，いかなる成分の液体ができるかという研究が大いに進んだ．それによれば，生成するマグマの温度は1300〜1350℃であることもわかった．しかし，マントルがすべて溶けているわけではないことは地震波からわかっている．それならば，火山噴火の原因になるマグマはどこで生まれるのだろうか．

さらに，近年地球上の精密な地震観測網が充実して，マントル内部の地震波速度分布が詳しくわかってきた．これはちょうど医療で使うX線のCTスキャンで人体の中を調べる方法と似ている．これをトモグラフィーという．これによれば，地震波の速度が遅い領域ではマントル物質がやや柔らかくなっていることが想像される．この領域はマントルの底から上部にかけて部分的に分布している．この部分をスーパープリュームといって，マントル下部からの高温の物質が上部に向かって上昇していると考えられている．先に述べたように火山の分布がプレートテクトニクスによって説明されてきたが，このマントル物質の上昇運動として最近プリュームテクトニクスという概念が

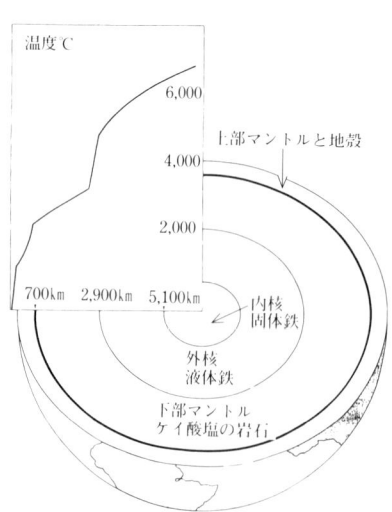

図 2.4 地球内部の構成と推定される温度分布（井田，1995）

提唱されている．すなわち，地球表面近くでの岩盤（プレート）の水平運動と，さらにマントル内部物質の上昇・下降運動へと地球科学者は壮大なドラマを展開している．

a．ホットスポット型火山

　ホットスポット型火山の数は明確ではないが，40余りが地球上に存在するという説もある．海洋に多いがアフリカ大陸にもある．このような火山のマグマはスーパープリュームが分岐して地表に達した結果であろうと思われている．海洋底からマグマを噴出して有名なのはハワイの火山である．ハワイ島のマウナロアとキラウエアの両火山は頻繁にマグマを噴出している世界で最も活発な火山の一つで，しばしば溶岩湖をつくる．米国地質調査所の科学者達は，マントルから急速に噴出してきたマグマの性質を調べる目的で，溶岩湖でボーリングをしたのである．これは火山の野外実験場として最も興味ある研究であった．彼らはリフトゾーンの火口にできた溶岩湖 Kilauea Iki (1959)，Alae (1963)，Makaopuhi (1965) でボーリングを行い，玄武岩マグマがどのように固結していくか，温度はどうかなどさまざまな測定を行った．実際に1963年に Kilauea Iki の溶岩湖のボーリング孔のパイプから底を覗いたら灼熱の溶岩が見えたのは驚きであった．溶岩湖の表面から徐々に冷却していく様子をマカ

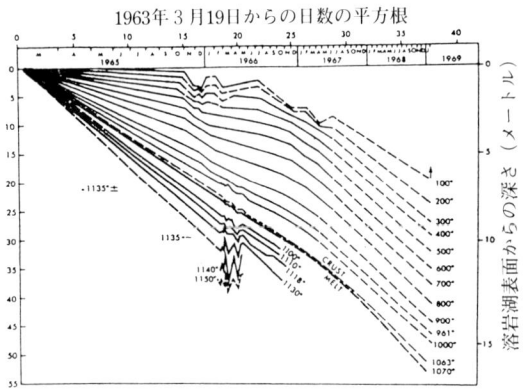

図 2.5　1965年3月の噴火で生成したキラウエア火山マカオプヒ溶岸湖の冷却によるクラストの生成と温度分布（Wright ら，1976）

オプヒを例として図2.5に示そう．この図を見ると液状溶岩が徐々に冷えて表面の固結したクラストが次第に厚くなっていくことがわかる．

さらに，クラストの底と液状の溶岩との境界の温度は1070℃になっている．また，液内の最高温度は1150℃と読める．噴火前にマグマ溜りに蓄積していた間にマグマの熱が逃げていくことを考慮すると，最初の温度はおそらく1300℃程度はあっただろう．このような温度は到底地殻下部や上部マントルの温度としては高すぎて，マグマを生じた高温のマントル物質はおそらくマントル深部から供給されたに違いないと推論される．これがプリュームの上昇によるのだ．

b．プレート消滅型火山

環太平洋の火山のほとんどはこのタイプ，すなわち，海洋プレートが陸や島弧に衝突して沈み込む場所にある．わが国を考えてみよう．図2.2に示したように海溝にほぼ平行して火山が並んでいるのが見事だ．太平洋側に起こる巨大地震はプレートが沈み込むことに伴って，陸側がそれに引きずられていくが，ある限界がくると陸側が跳ね返ることによって起こるとされている．一方，プレート（スラブ）は陸側に沈み込んでいくときに海底堆積物も一緒に伴っていくだろう．その中に含まれる水および含水鉱物が分解するときに放出する水は岩石の融点を下げる働きをする．深さが100〜150km付近で，その深さのマントルの温度と融点降下の相乗作用でマントル物質が部分的に溶けはじめる．こうして最初のマグマ物質が生成するのだ．これが島弧の火山作用のもとになるマグマのエンブリオの誕生でその概念図を図2.6に示した．問題は，そのような深部でできたマントル溶融物質がどのようなプロセスで地表に噴出してくるのだろうか．

一般に固体物質が溶けて液体になるか，あるいは部分溶融状態になると体積が増加し比重が減少し浮力を獲得することになる．これが大ざっぱなマグマ上昇の原理として考えられている．もう少し理論的に考察したものとして提案されているモデルを紹介しよう．

（1）図2.6について説明しよう．高温部のマントル物質がダイアピル（部分溶融した塊）となって上昇すると，圧力が減少するために融解点が下がり，

2.2 マグマはどこから

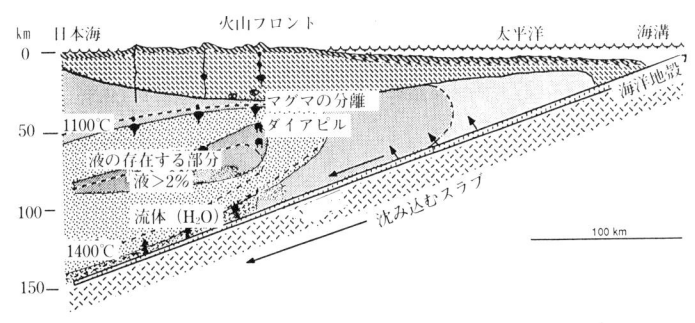

図 2.6 東北日本の地殻・マントル模式断面図（久城, 1989）

その結果溶けている量が増え，浮力が増してさらに上昇することになる．これが玄武岩マグマであるが，途中で結晶分化作用でシリカ（SiO_2）の成分が増えるために比重が減少し，さらに上昇を続けることになる．しかし，地殻に入り込んできたマグマは地殻物質との比重の差がなくなり，上昇の旅は終わり地殻の浅い場所に貯蔵されることになる．

(2) マグマの上昇について上の考えと異なるモデルを述べてみよう．昔，半導体の製造に帯溶融（zone melting, zone refining）という技術があった．これをマグマの上昇に応用してみるとどうだろう．まとまった体積のマグマが高温のマントル中を上昇するとき，マグマ体の中で対流が起こる．その下部から高温のマグマが上昇して，より低温の天井部分を溶かしてマグマ体の底に落としていく．このプロセスが連続すれば，溶融部分は上に昇っていくことになる．すなわち，物質の上昇ではなく，溶融状態の上昇ということになる．この状態の温度は次第に低下してマグマ体の体積も少し減少し，地表に達する前に消滅してしまうものもあるだろう．このプロセスで，マグマの成分の変化も説明可能だ．

(3) 陸弧のマントル内の上昇流によって，スラブ上面で部分的に溶けた物質が浮力の追い風とともに上昇するが，圧力の減少に伴って体積が増加することによって温度も下がる．一方，圧力が減少すると物質の融点が下がり，溶融体の体積が増加する．このようなプロセスでマグマは地殻内部に侵入してくる（図 2.7 参照）．

(4) 岩石学的な検討を踏まえ，さらに陸弧地殻下部のマントル（マントル

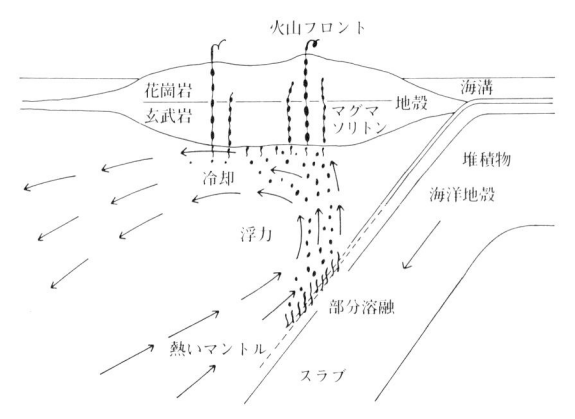

図 2.7 島弧におけるマグマの生成と上昇のモデル（井田, 1986）

ウエッジ）の温度が1400℃という高温を維持していると仮定し，さらにある種の鉱物の脱水分解によって生じた水によって部分溶融した高温物質の融点が下がる．この結果，生じたマントルダイアピルの上昇が始まる．

以上のように島弧マグマの発生と上昇のモデルについては多くの研究者によるモデルが提出されている．

c. 海嶺型火山

図2.1に示したように，海嶺からのマグマ噴出量はプレート内，サブダクションの火山に比べて圧倒的に多い．海嶺とはマントルからのマグマ上昇によって地殻が引き裂かれて新しいプレートが誕生している場所だ．深海の観測によれば，海嶺では海底の熱水活動や黒煙の上昇など，活発な火山活動が行われていることがわかっている．ここから噴出するマグマからできた岩石を海嶺玄武岩という．

2.3 マグマ溜りが弾薬庫

さて，マグマが地殻物質と反応しながら上昇してくる．地殻を構成する岩石はシリカに富んでいるので，マグマの比重が軽くなり，やがて周囲の岩石の比

重と同じぐらいになると浮力を失うことになる．その結果，マグマの上昇は止まりその場所で停滞するだろう．さらにマグマの供給が下方からあれば，マグマが占める領域が拡大する．これがマグマ溜りといわれるものである．マグマ溜りは高温の溶融体で成り立っているが，その深さは地下数キロから10数キロだから，地表の温度を測っても存在場所を確定できないのだ．マグマ溜りに深部からマグマの供給が続くと，マグマは抜け道を探して地表に噴出することになる．これが噴火だ．つまり，マグマ溜りがどのような物理的状態にあるのかを知ることが噴火予知に欠かせないことになる．このように考えるとマグマ溜りは火山の弾薬庫だといえる．マグマ溜りがどこにあって，どのような形をして，マグマが蓄積されつつあるかということは古くから火山学の重要な命題であった．火山学者は昔からいろいろな方法を使って問題の解決に努力してきた．以下に，主として地球物理的手法について簡単に述べてみよう．

a. 地震学的手法

地震波は地下の情報を取り込んでくるので，それを観測して地下の情報を調べるのに有効である．火山の構造探査では，地震波を観測してマグマ溜りを探す方法としては，周辺に起こる自然地震を観測するパッシブな方法と，火薬爆発やエアガンを使って人工地震を起こして波動を観測するアクティブな方法とがある．火山の地下を構成する物質は火砕物の堆積によって地震波のエネルギー，特に振動数が高い（周期が短い）波が強く吸収される．人工震源ではエネルギーが奪われやすい振動数が高い波動が発生するので，特に火山の地下3～5 kmより深い部分を調査する場合には都合が悪かった．一方，液体は横波（S波）を吸収する性質を持っていて，波長に比べて十分な広がりを持っているマグマ溜りの探査にはS波も発生する自然地震を観測する利点があった．ここでは，自然地震の観測の例から述べよう．

初期には，火山の周囲の地震計に記録される波動の性質の研究から始まった．たとえば，アラスカのカトマイ火山での自然地震の観測の例を図2.8に示そう．カトマイ火山周辺の微小地震を観測中，ある方向からくる地震波にS波が完全に消えていることを発見し，また，その方向からくるP波の短周期の成分が吸収されている．簡単な理論から，深さ10 kmおよび20～30 kmに

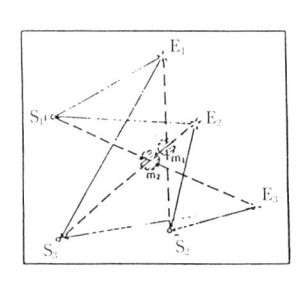

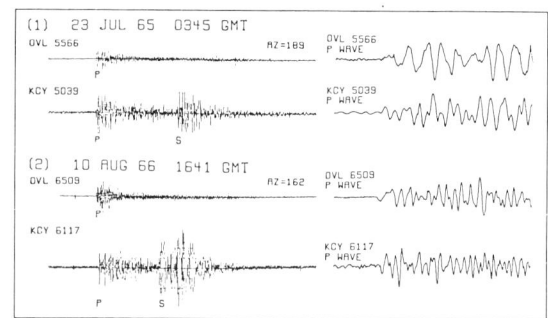

図 2.8 アラスカのカトマイ火山における微小地震観測による地震記録（Matumoto, 1971）．測線によって波が吸収されている．

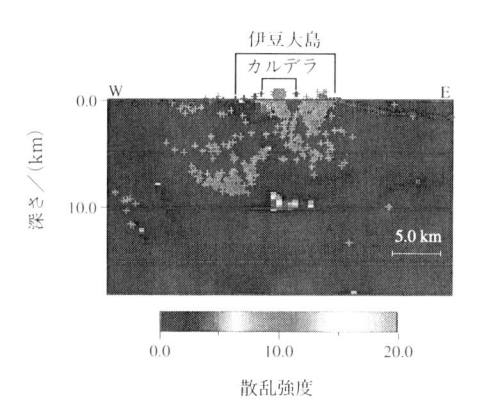

図 2.9 伊豆大島の地下構造の南北断面（Mikadaら, 1997）．＋印は解析に用いた地震の震源．カルデラ中央部と北端直下に散乱強度の強い領域がある．

マグマまたは部分溶融体があるだろうと推論されているが，用いた地震計の周波数特性と溶融体の大きさの吟味が必要である．

最近は地震波動の解析技術が進歩して，自然地震を用いて火山の地下構造探査が精密に行われるようになった．その良い例として伊豆大島の場合について述べてみよう．1986 年の後，1988 年から 1993 年の間，伊豆大島に展開してあった地震観測点は 29 点あった．地震観測点の平均的な間隔は約 1.6 km で，理論的に 800 m 以上の構造変化を波形の変化として捕らえることを意味している．延べ 6 年間の記録から，伊豆大島を取り巻く場所で発生し，地表から火山の下 20 km 程度の深さを通過したと思われる地震 51 個の記録の波形の解析が三ケ田 均によって行われた．その結果として山頂を通る南北に横断する線に沿った地下断面を図 2.9 に示す．図中の＋印は 1985 年から 1993 年の間に，この面から 500 m 以内に発生した地震の震源．山頂付近の浅い地震は火道の存在を暗示している．濃淡表示は，構造が大きく変化する場所が濃くなるようにしてある．これを見ると，

2.3 マグマ溜りが弾薬庫

カルデラ直下8～10km部分，大島北側の深さ6km付近とカルデラ北端の深さ4～5km付近の構造変化はマグマのような溶融体の存在を示している．

これとは別に1983年に伊豆大島で行った集中総合観測（これは火山噴火予知計画による）で，5月31日に図2.10に示したような群発地震がカルデラ北端に起こった．震源の深さは6kmを下限としている．応力場が圧縮力の場合，地表面と溶融体の間には応力が集中するので破壊が起こりやすい．前述の構造探査の結果と相まって，この付近の深さ6kmあたりにもマグマ溜りが存在したのであろう．つまり，カルデラ直下と北端の二カ所にマグマ溜りがあり，また，北端のマグマ溜りは噴火の数年前に準備されていたと考えたくなる．マグマ溜りは二つであった．

一方，火薬爆発を用いた観測の例として，地質調査所が姶良カルデラで行った観測例を図2.11に示してある．カルデラを囲むように地震計を配列して（fan shootingという）震動を観測すると，カルデラの中心部の地下を通過した波が大きい吸収を受けていることがわかる．1914（大正3）年の桜島大爆発前後の地盤垂直変動からマグマ供給のもとはカルデラの中心部の地下であることがわかっている．おそらく，カルデラ中心部の下を通過した波動が溶融体の存在によって強い吸収を受けたと思われる．普通の火薬爆発ではS波はほと

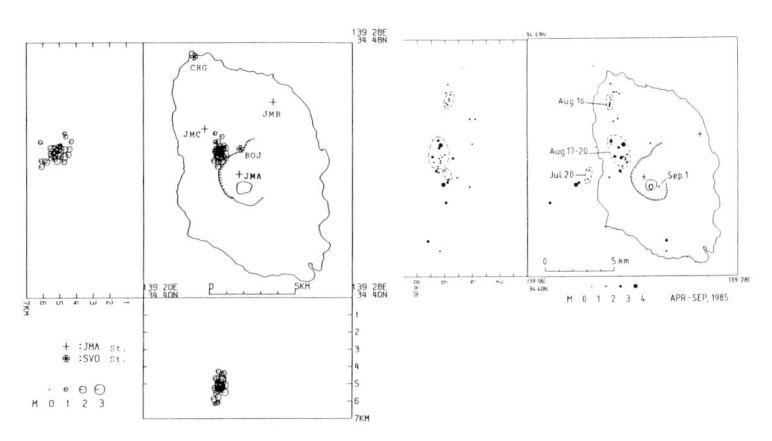

図 2.10 伊豆大島で行った集中総合観測
左：1983年5月31日の群発地震の震源分布（西，1985），
右：1985年4～9月の群発地震（東京大学地震研究所，1986）．

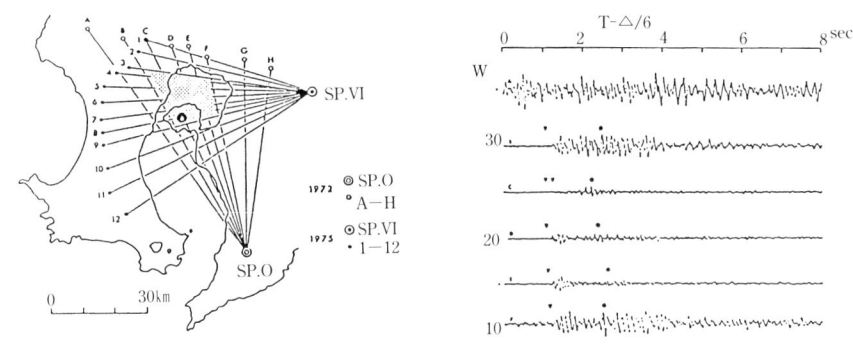

図 2.11 姶良カルデラにおける爆破地震観測の記録例 (Ono ら, 1978). SP が爆破点. カルデラ中心部を通過する記録は振幅の減衰が大きい.

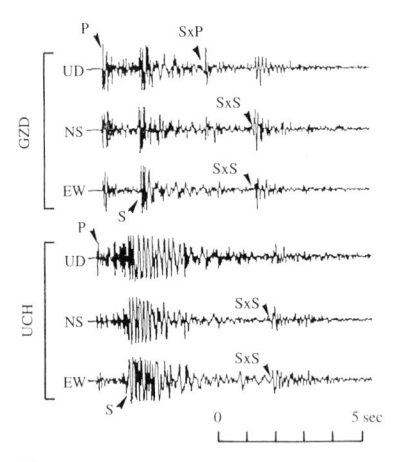

図 2.12 日光白根山付近で発生する浅い微小地震の震源のほぼ真上で観測した3成分記録の例 (Hasegawa ら, 1994). P 波, S 波が到着したあとに S×P, S×S と記してある相が溶融体と思われる反射波からの波.

んど射出されないから, S 波に関する情報は得られない.

また, 最近火山地帯で観測すると地震記録の尾部に特殊の相が見つかってきている (図 2.12). これが地下の溶融体から反射してくる波だといわれている. 図 2.12 に示した例は日光白根山での観測によるものだが, 伊豆東部火山群においても深さが 10 数キロ付近に反射層が見つかっている. このような反射波が観測されるということは, それが溶融体とすれば, 水平方向にかなりの広がりがあって然るべきであろう.

さらに, 火山に起こる地震を観測していると, ある深さに震源の空白域が見つかることがある. その例として, 図 2.13 にハワイのキラウエア火山とアフリカのニヤムラギーラ火山の場合を示す. いずれも深さ 3〜6 km 付近に地震が起こらない領域があるのがわかる. ここも溶融体 (マグマ溜り) があるからだろうと推測している. つまり, ごく

2.3 マグマ溜りが弾薬庫

柔らかいと破壊(地震)が起こらないからである．

ハワイ島のキラウエア火山のマグマ溜りについてもう少し面白い話をしてみよう．キラウエア火山のカルデラの中にハレマウマウ(ハワイ語でシダの家という意味)火口がある．この火口には長いこと溶岩湖があった．ハワイ火山観測所の所長であったジャガーは溶岩湖の表面の高さの変化を1909年から1930年まで測定した．特に，1919年7月21日から28日間，昼夜を問わず20分間隔で測定を行ったのである．これは科学者の情熱以外の何ものでもない素晴らしい観測であった．溶岩湖面の高さは図2.14に示すようにジグザグしながら徐々に高まっていき，8月15日ごろ最高になったあと，急激に下降していった．

これはマグマがマグマ溜りからリフトゾーンに流入して噴火したからである．最高の高さになった付近のデータを拡大して示したのが図2.15である．これによると，最高点に達した2~3日には天体の引力と良い相関を示している．つまり，キラウエアの地殻が伸びるときには湖面は下がり，逆に地殻が縮むときは湖面が上昇している．

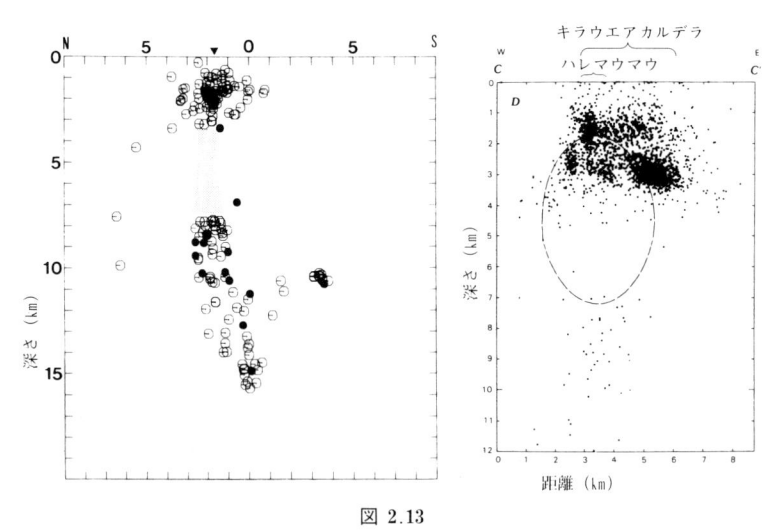

図 2.13
左:ニヤムラギーラ火山直下の震源分布の南北断面．黒丸は微動出現時の震源 (Hamaguchi, 1983).
右:キラウエア火山カルデラ下の震源の東西断面．楕円は推定されるマグマ溜り (Klein ら, 1987).

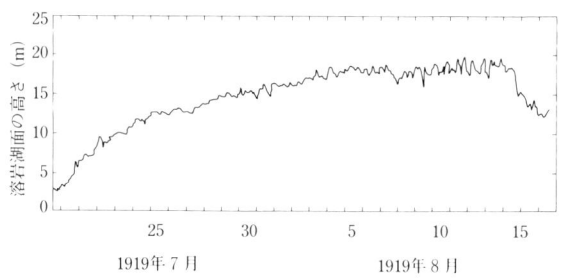

図 2.14 キラウエア火山のハレマウマウ火口内の溶岩湖表面の高さの変化(Brown, 1925)のデータを図化(Shimozuru, 1987)

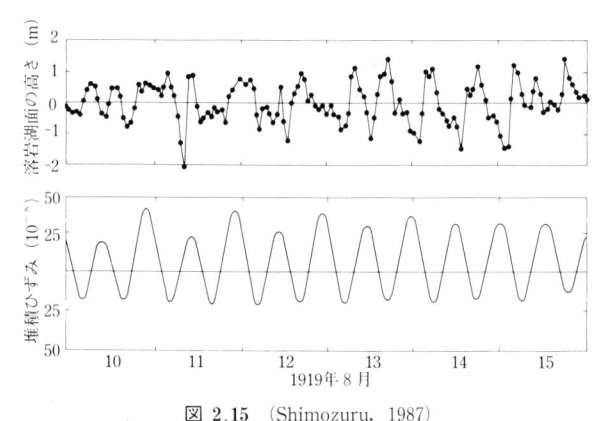

図 2.15 (Shimozuru, 1987)
上:ハレマウマウ火口の溶岸湖レベルの時間的変化.
下:地球ひずみ.縦軸の単位は10億分の1.上に伸び.8月13〜15日の最高レベルのときに良い相関を示す.

　この観測事実をどのように説明したらよいだろうか.簡単に考えると,ガラス管の下に水を入れた風船をぶら下げて,手で風船を圧縮したり手を離したりすると,ガラス管の水面は上下するだろう.天体(主として月)の運行による引力の変化の影響で地殻のひずみが生じる現象を地球潮汐という.ちょうど,海面の満潮・干潮と同じ理由による.このように考えると,マグマが深部から供給されて溶岩湖のレベルが徐々に上昇していき,可能な隙間をマグマが埋め尽くしたとき(湖面が最高点になったとき)地球潮汐に同調するようになると解釈できる.マグマ溜りが完全な球状の器であったなら,初めから湖面の上下

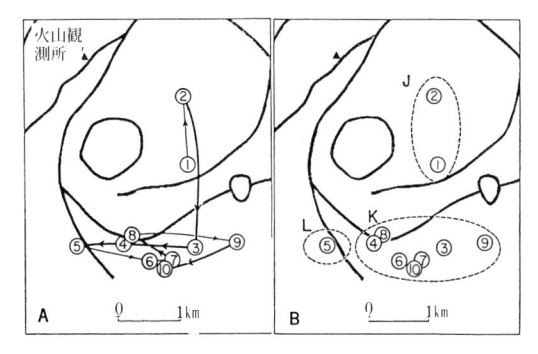

図 2.16（Fiske ら，1969）
A：キラウエア火山カルデラを中心とした水準測量から決定した隆起中心の移動．① 1966 年 1～7 月，② 1966 年 7～10 月，③ 1966 年 10 月～1967 年 1 月，④ 1967 年 1～2 月，⑤ 1967 年 2 月，⑥ 1967 年 2～5 月，⑦ 1967 年 5～6 月，⑧ 1967 年 6～7 月，⑨ 1967 年 7～9 月，⑩ 1967 年 9～10 月．
B：楕円は隆起中心の移動領域で，J，K，L，K，の順序に動いた．

振動は地球潮汐とシンクロナイズするはずである．しかし，実際はジグザグの上昇をしている．きっと，マグマ溜りは複雑な構造になっていると思われる．その良い証拠を図 2.16 に示す．これは精密水準測量によってキラウエアカルデラの隆起中心の移動を示している．最初は①が隆起の中心であったが，最終的にはカルデラ南縁付近の⑩に落ち着いている．マグマがアチコチの割れ目を埋めながら，カルデラの南の地下に溜まるようになることを明瞭に示している．

b．地殻変動観測による手法

火山では，水準測量，レーザー光線を使って二点間の距離を測る辺長測量，重力測定，GPS 測定など地盤の垂直・水平変動の観測が行われている．古典的な良い例は 1914（大正 3）年の桜島大噴火前後の水準測量の結果である．この噴火で出た溶岩流は $1.34\,\mathrm{km}^3$（石原，1981）と降下火砕物が $0.52\,\mathrm{km}^3$（西，1981）で，合計 $1.86\,\mathrm{km}^3$ といわれている．これだけの物質が内部からいちどきに噴出してしまったので，当然火山体は沈降するはずである．測量結果

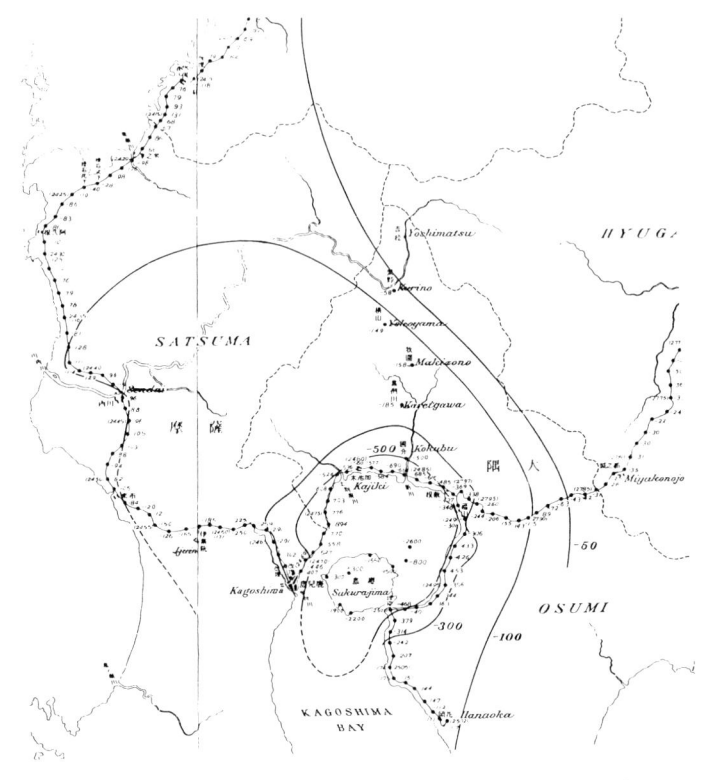

図 2.17 1914年桜島大噴火前後の水準測量による地盤の垂直変動（Omori, 1916）．黒丸は水準点．数字は沈降量（単位mm）で太い実線は等沈降線を示す．

によると，図2.17に示すように錦江湾のほぼ中心が最大の沈降量を示し，沈降は九州南部の広域に及んでいる．錦江湾を中心とする姶良カルデラは噴出物調査から，いまから約24000〜25000年前の大噴火でできたといわれている．この大きなカルデラの中心部が最大の沈降を示したということは，錦江湾の中心部の地下にマグマ溜りの存在が予想される．実際に図2.11で示したように中心部地下を通る地震波が強い吸収を受けている．

地表面下のある深さに球形の圧力源を考えて，圧力変化の影響が地表面の変位にどう現れるかという理論計算がある．1929（昭和4）年の北海道駒ヶ岳大噴火に伴って山頂から12 kmの広範囲でかなりの沈降が測定された．妹沢克惟は地下に球形のマグマ溜りを考えて，その圧力変化による地表の変位を非弾

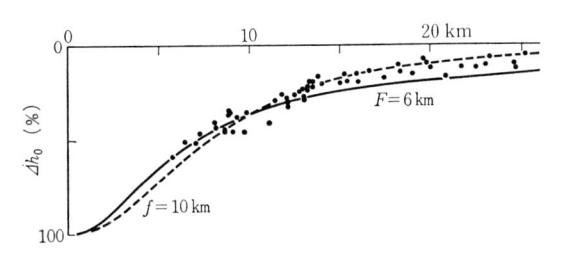

図 2.18 桜島1914年噴火前後の周辺の上下変動量と沈降中心からの距離（横山, 1992）. 点線は Mogi (1958), 実線は Yokoyama (1971) による.

性を考慮に入れて計算し，マグマ溜りが地表から3kmより浅いところにあると推論した．これが，弾性論からマグマ溜りの深さを求めた最初の論文であった．山川宣男は地震の発震機構の研究の途上，地表面よりやや深いところに球形の圧力源を想定して，圧力変化に伴う地表面下部および地表面の変位の計算を1955年に発表した．この地表面の変位の結果を用いて1958年に茂木清夫が火山活動に伴う地殻変動からマグマ溜りの深さを論じた．これがそれ以後茂木モデルと呼ばれ火山学者の間で大いに活用されるようになった．山川モデルは球形の圧力源の表面が一様な正あるいは負の圧力分布をするモデル（膨張・収縮型）だったが，その後，横山　泉は貫入岩の先端に作用する圧力を点圧力源（貫入型）としたモデルを提唱した．さらには，有限要素モデル，線状モデルなどによっても火山の地殻変動からマグマ溜りの議論がなされている．一例として，図2.17から姶良カルデラのマグマ溜りの深さを推定した結果を図2.18に示す．山川理論（茂木モデル）によれば圧力源は深さ10km，貫入型によれば深さが6kmと出る．その他のモデルを用いてキラウエア火山リフトゾーンの地殻変動を説明しようとした研究もあるが，どのモデルが適当なのかうまく説明できない．

　マグマが上昇貫入するときに，途中でコブを作ることがある．これは桜島でも深いマグマ溜り，浅いマグマ溜りと表現されている．1990年からの雲仙普賢岳の噴火活動では地殻変動の観測から図2.19に示すような圧力源を推定している．

　このように，地震波の性質を詳しく調べたり，地盤変動によってマグマ溜り

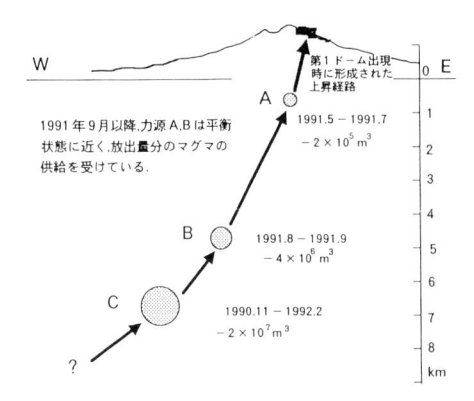

図 2.19 雲仙普賢岳の噴火（1990〜1995）に伴う地殻変動から推定されたマグマ供給系の模式図（大学合同観測班測地グループ，1992）．A，B，C はマグマ溜り．

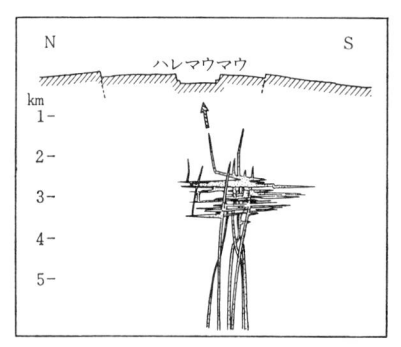

図 2.20 キラウエア火山のマグマ溜りの想像図（Fiske ら，1969）

の推定をする例の一部を紹介した．伊豆大島の1950年の噴火後，地磁気伏角の変化からマグマ溜りの深さを2〜3kmと推定した例もある．大体，液体が長時間滞留していると，重力ポテンシャル面に平行になろうとする．つまり水平に伸びた形が安定なのだが，厚さが薄いと熱は逃げて固化してしまう．伊豆東部火山群のような単成火山群では，やや深部にある大きなマグマ溜りから枝分かれしてマグマが地表に噴出してくると思われている．実際に火山で多く見られる岩脈（dike）はそのようなものだろう．キラウエア火山の例で示したように，マグマ溜りというものは，一体化したマグマの塊ではなく，複雑な構造をしているに違いない．このような考えで，マグマ溜り（magma reservoir, magma chamber）という言葉の代わりに magma body という言葉が用いられているがうまい日本語はない．ここではマグマ体としておいた．このように，マグマ体にマグマが十分蓄積され，さらにマグマが深部から供給されると噴火することになる．したがって，火山の地盤変動はマグマが蓄積されているかどうかの重要な指針となる．最後にハワイの火山研究者がすごく想像をたくましくして描いているキラウエアのマグマ溜りの想像図（図2.20）の例をあげてこの章を閉じよう．

3. 噴火の理由

1986年11月21日の伊豆大島噴火の際に，東海汽船「かとれあ丸」船長佐野　功氏が16時10分元町港出航直後に撮影した．

3.1 マグマに溶け込んでいる気体が犯人

活火山を訪れると，火口や割れ目から噴煙や水蒸気が上がっているのがわかる．また，爆発的噴火をしたときの巨大な噴煙はガスの圧力によるものだともわかる．このようなガスはどこからくるのだろうか．噴火に関与するマグマの中に含まれているガス（一般に揮発性成分という）の多くは数％以下で，大部分は水（H_2O）で，残りは二酸化炭素（CO_2），二酸化硫黄（SO_2），硫化水素（H_2S）などで希ガスも含まれている．このようなガスのうち，ヘリウム（He）は地球の始原物質でマントルからマグマに溶け込んで地表に達するらしい．最も成分比が大きい水はマントルから供給されるとともに地表水もまじってくる．火山ガス中の水の濃度はホットスポットの火山では少なく，わが国のような島弧型火山では圧倒的に多い．これは，マグマが地殻中をゆっくり上昇するときに水を溶かし込むからだろうと考えられている．

このようなガス成分は圧力が高い環境ではマグマへの溶解度が高く，圧力が低くなると，溶解度が減少するために気体（気相）になる．水と二酸化炭素の例を図3.1に示す．この図によれば，岩石の種類によらず，圧力が減少すると，水と二酸化炭素の溶解度が減少することがわかる．これはちょうど，シャンパンの栓を抜くと急に減圧になって溶け込んでいた二酸化炭素が発泡して勢いよく飛び出すのと原理的には同じである．

さて，マグマ溜りの中では珪酸（シリカ）に富んだ軽い物質は上部に濃縮していくだろう．珪酸の組成が多いと同じ圧力下で融解しているガス濃度も高い．しかし，われわれはいわゆるマグマ溜りというものが，すべての隙間を埋め尽くした満杯状態になったということを知ることができない．ただ知りうることは地殻変動の観測などから，マグマが蓄積されつつあるなとい

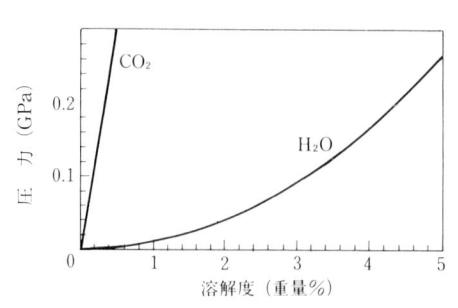

図 3.1 玄武岩マグマへの揮発性成分（水と二酸化炭素）の溶解度と圧力の関係（藤井，1997）

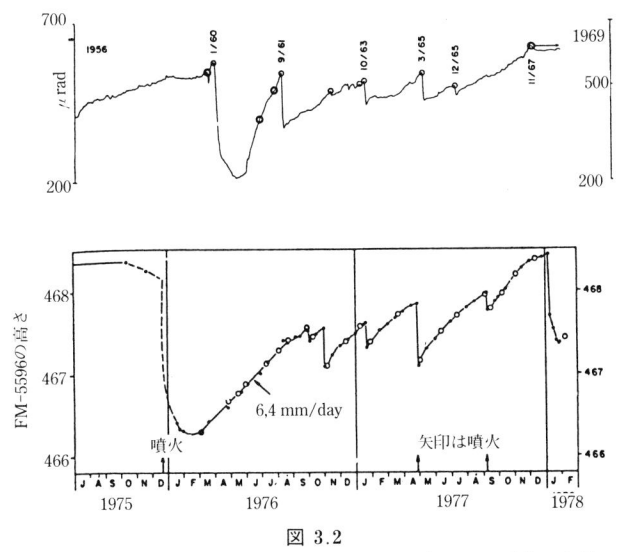

図 3.2
上：キラウエア火山の水管傾斜計による山頂の傾斜．二重丸は山頂噴火．白丸はリフトゾーンの噴火（Deckerら，1970）．
下：クラプラカルデラの水準点5596の変動．白丸は水準測量による．黒丸は地熱発電所の傾斜計のデータ（Björnssonら，1978）．

うことを認識するに過ぎないのである．キラウエア火山は頻繁に噴火するので，噴火前後の傾斜計は興味ある記録を残している．その一例としてカルデラ縁のウェカフナの壕における記録の一例とアイスランドのクラプラカルデラの例を図 3.2 に示した．これを見ると，噴火が起こる最大傾斜の値がまちまちである．つまり，弾薬庫に弾薬が十分でなくても噴火が起こることを意味している．また，キラウエアの場合は噴火前の山頂隆起のパターンが不規則だが，クラプラの場合にはスムーズに隆起しているのが興味深いコントラストだ．キラウエアの場合は図 2.15 に示したように隆起中心が移動するためで，クラプラのマグマ体のシステムと基本的に異なることを意味しているのだ．

3.2 マグマの性質と噴火の多様性

われわれは地球内部で生成するマグマそのものを手に取って見ることはでき

ない．マグマは地球内部の岩石が溶けた状態のものを指す．岩漿ともいう．マントルから噴出するマグマの大部分は玄武岩質マグマと呼ばれ，中央海嶺やホットスポット火山の噴出物はほとんどすべて玄武岩質である．これは比較的大量にマントルから噴出するため，上昇中に周囲の物質に影響を受けにくいからである．これに対して，島弧や陸弧に噴出するマグマは一度に上昇するマグマの量が少なく，リソスフィアを上昇する過程で，温度が下がると，決まった順序で結晶が晶出する．これを結晶分化作用という．また，周囲の物質と反応して化学組成に変化が生じる．すなわち，初生マグマ（玄武岩質マグマ）よりシリカに富んだ安山岩質マグマができて，さらに冷却が進むとデイサイト質マグマ，流紋岩質マグマが生じる．したがって，これらのマグマは玄武岩質マグマからの二次的産物と考えてよい．マグマが地表に噴出して固まった火山岩の化学組成と，実験室内で種々の温度・圧力の条件下で粘性，密度などの物理的性質を測定するなどして，噴火に関与したマグマの性質を研究するのである．火山岩の化学組成の例を表3.1に示してある．これは一般的な平均値をあげてあるが，同じ玄武岩でも噴出地点によって化学組成にかなりのひらきがある．化学組成の範囲を考慮して物理的性質とともに示したのが図3.3である．

表3.1と図3.3で明らかなように，シリカが組成の半分以上を占めており，

表 3.1 火山岩の最も普通の岩型の平均化学組成（重量%）．都城・久城，岩石学II，1975の第16章の表16-1の一部を抜き出してある．

	玄武岩	安山岩	流紋岩
SiO_2	49.06	59.59	72.80
TiO_2	1.36	0.77	0.33
Al_2O_3	15.70	17.31	13.49
Fe_2O_3	5.38	3.33	1.45
FeO	6.37	3.13	0.88
MnO	0.31	0.18	0.08
MgO	6.17	2.75	0.38
CaO	8.95	5.80	1.20
Na_2O	3.11	3.58	3.38
K_2O	1.52	2.04	4.46
H_2O	1.62	1.26	1.47
P_2O_5	0.45	0.26	0.08

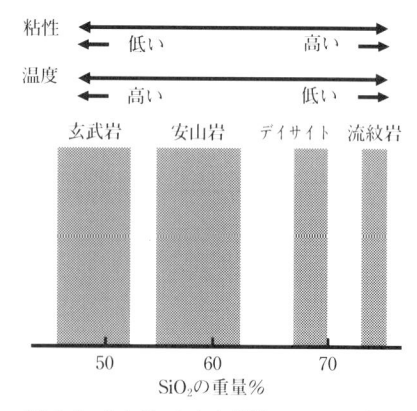

図 3.3 火山岩のおもな種類とシリカの重量%．シリカの量が減ると溶岩は流動性に富む．

3.2 マグマの性質と噴火の多様性

表 3.2 マグマの違いによる噴火のタイプ

マグマ	噴火の様式	火山の例
玄武岩質	溶岩流出，溶岩噴泉，割れ目噴火など，流動的な溶岩流出と火山灰や軽石（スコリア），火山毛を噴出	ハワイの火山 伊豆大島，三宅島
安山岩質	爆発的な噴火が特徴．衝撃波．火山灰を多量に噴出．火山弾，軽石，岩塊，礫の放出．溶岩流，火砕流，岩屑流の発生．希に山体崩壊	環太平洋の多くの火山．浅間山，桜島
デイサイト質	火山灰，軽石の放出．火砕流の発生，溶岩ドーム形成	ピナトゥボ，有珠山
流紋岩質	火砕流，火砕サージ発生．溶岩ドーム	神津島，新島

そのことがマグマの物理的性質を大きく支配しているのである．SiとOとの結合力が強いため，外力に対しての抵抗力が大きい．その結果ねばる性質の指標となる粘性率はシリカが多いほど高い．さらに粘性率は温度に敏感であって，実験によれば温度が高くなるに従って指数関数的に低下する．わが国の火山噴火に直接関与するマグマは主として安山岩質とデイサイト質・流紋岩質である．このようなマグマの物理的性質の違いによって噴火のタイプが異なってくるのだ．ごくおおざっぱな表現を表3.2に示してある．一連の噴火活動で初めから最後まで同じ化学組成のマグマが噴出するとは限らない．たとえば，1707（宝永4）年の富士山の大噴火では，最初にデイサイト質の火山灰，軽石が噴出し，次に安山岩質の軽石が出て，主相では玄武岩質のスコリアが大量に噴出して災害をもたらした．これは，マグマ溜りの中でマグマ混合が起こって，珪酸に富んだ軽い成分は上部に濃集してくるからだ．

この表と地球上の多くの火山の噴火現象を見比べてみよう．この噴火のタイプの違いが噴火災害に重要な意味を持っていることに注意しなければならない．火山学者は噴火のタイプを噴火現象から種々にタイプ分けしているが，厳密な分類はさておいて，ここでは特徴的な現象による便宜的な分類を述べる．

1) ハワイ式噴火

ハワイのキラウエア（噴出するという意味）やマウナロア（長い山という意味）の噴火で代表される粘性の低い溶岩が噴泉として割れ目を作って噴出するタイプをいう．溶岩湖も作る．溶岩流出．しかし，1790年と1924年にはキラウエアカルデラのハレマウマウ（シダの家という意味）火口から大規模な水蒸気爆発が起こっているから，この分類はあまり正しくない．

2) ストロンボリ式噴火

地中海の灯台といわれるストロンボリ火山の噴火によって代表される噴火のタイプ．玄武岩質，または安山岩質玄武岩質マグマが中央火口から間欠的に噴出し，ほぼ固化した火山弾を放出し，火山弾は放物線を描いて着地する（1章の扉写真参照）．噴火には爆発音を伴う．溶岩流出．

3) ブルカノ式噴火

島弧の安山岩質火山の山頂火口から爆発的にガス，火山灰，火山弾，岩塊，礫を放出するタイプ．火山灰が多量に出て上空の風に支配されてかなり遠方まで降ってくる．一般に強い衝撃音を伴って爆発する．この噴火は単発の場合もあるし，続発する場合もある．爆発力が弱いときは，火口から多量の噴煙をモクモクと出す．火砕流・溶岩流出．

4) プリニ式噴火

西暦79年のイタリア，ベスビオ火山の噴火でポンペイが埋没したことで有名で，大小プリニウスによって噴火の模様が記述されたことから命名された．ブルカノ式噴火の規模の大きい噴火で，噴火継続時間も長いため高速で噴出する火砕物とガスは成層圏にまで達する．単位時間の噴出率が大きければ，噴煙高度も高くなる．最近では，1980年のセントヘレンズ火山，1991年のピナトゥボ火山噴火の例がある．細かい火山灰とエアロゾルは長期間成層圏に滞留する．やや規模が小さい噴火をサブプリニ式噴火ということもある．火砕流．

以上は噴火の現象から見たおおざっぱな分類だが，新しいマグマ物質が出たかどうかで次のような分類もある．

1) マグマ噴火

噴出物の中に新鮮なマグマ物質がある噴火をいう．上に述べた分類のほとんどはマグマ噴火である．やや小規模の噴火の場合でも，噴出物から新鮮なマグマ物質の有無を調べることは以後の噴火活動の予測をする上で重要である．

2) マグマ水蒸気爆発

高温の液体と低温の液体が接触すると爆発することは産業界で水蒸気爆発として知られている．火山の場合でも，マグマが海水や地下水と接触すると急激に破砕して爆発的な噴火をする．海に囲まれた火山島では海岸付近で発生するし，海底噴火もこれに属する．大きな岩塊をも放出する威力を持っている．

3) 水蒸気爆発

マグマは直接関与せず，地下の高温のガスに地下水が接触すると，大きな水蒸気圧が急激に発生して，粉砕された火山体浅部の岩石破片と火山灰を爆発的に放出する．火口湖を持った火山や地熱地帯で発生することが多い．新鮮なマグマ物質は出ない．

以上のほかに，火砕流噴火，軽石噴火，山体崩壊など，個々の噴火に特徴的な現象を代表させていう場合もある．

3.3 爆発的噴火の理屈

「あれは爆発ですか，噴火ですか」とマスコミに聞かれることがある．地球内部の物質が急速に地表に噴出する現象を火山噴火（volcanic eruption）という．それが強い圧力によって爆発的に噴火する場合に爆発的噴火（explosive eruption）といい，噴火現象の一つのパターンだから，すべてひっくるめて噴火という．爆発的噴火は安山岩質マグマの噴出に伴って起こる現象で，わが国のような島弧火山でよくみられる噴火のタイプだ．ここでは，その噴火のカラクリについて考えてみよう．

マグマ溜り（2章参照）が深部からマグマが供給されてほぼ満杯になった状況を想像してみる．地殻には常に圧縮力・伸張力が作用している．それは地球潮汐であったり，また，近傍の地震発生の結果，火山体周辺がより圧縮されたり，より伸びたりする．この結果，マグマ溜りの体積変化が起こるため，マグマには何かが起こるはずである．そのあたりを図3.4に示す．過剰な圧縮力が作用すれば，マグマは火道を上昇しはじめて，上部にいくに従って圧力が低下してマグマ中のガスの発泡が始まる．逆に伸張力が作用すれば，マグマ溜りの上部で減圧のために発泡が始まり，体積が増加するので火道を上昇しはじめるであろう．

最も簡単に提案されてきたモデルについて考えてみよう．マグマ溜りから火口に繋がるパイプを火道（vertical conduit）といい，火口底の出口を火孔（vent）という．火口を覗くと火孔には以前噴火した名残の固結した溶岩や火砕物が詰まっている．これがキャップとなって火道を塞いだ状態になってお

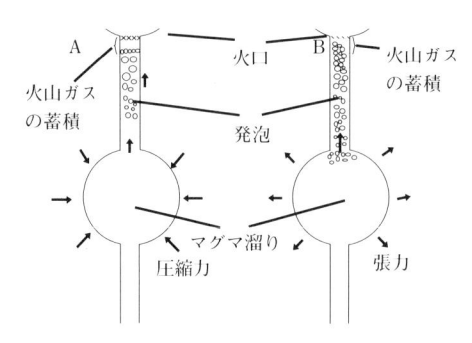

図 3.4 地殻応力が作用したときのマグマ溜りの体積変化に伴う揮発性成分の発泡と火道への上昇

り，火口壁の所々の隙間からは水蒸気が立ち上っているのがよく見る景観だ．マグマが発泡（気相分離）を続けながら火道を上昇する．細かい泡は合体しながらマグマ柱の体積が増えていくとともに，ガスはマグマ柱の上部に濃縮して火孔の蓋としての役割をしているキャップの下部に高圧のガスが蓄積していくようになる．やがて，そのガス圧が火孔の蓋の強度を越えたときに爆発的噴火が起こる．これがいわゆる soda pop model といわれるものである．さらに爆発が起こるとマグマ柱の上部から負の圧力（膨張波）が下部に伝播して発泡が加速的に進むことが予想される．原理的には，ちょうどシャンパンの栓を抜いたときに凄まじい発泡が起こるのに似ている．火山での爆発的噴火の圧力は数百気圧にのぼることがわかっている．一体，このような高圧のガスを火口底の下に閉じ込めておくことができるだろうか．火口内ではアチコチから水蒸気が上がっているのだ．また，爆発に伴って地震（爆発地震という）が起こるが，このモデルに従えば地震は火口底のすぐ下で起こるはずである．

噴火のメカニズムを研究するには，まず第一に噴火の準備段階から噴火終了までの物理過程を詳しい観測にもとづく各種のデータを得ることが最重要である．これは後で述べる噴火予知のための基本的資料となるのだ．観測としては，地震，地殻変動，地磁気，火山ガス，熱，重力と多岐にわたるが，ここでは京都大学防災研究所の桜島火山観測所の観測例を取り上げてみよう．桜島の南岳は頻繁に爆発的噴火を繰り返しているので，その観測成果は注目に値する．その中で重要な観測事実の中から次の二つについて述べよう．

① 爆発地震は南岳火口直下の海面上数百メートルから 2 km の深さにわたって起こっていて，火口の底ではない．ある程度深い火道を中心にして起こっている．

② 爆発地震の発震時，衝撃波，噴煙が火口底から出る時刻を，地震計，空

3.3 爆発的噴火の理屈

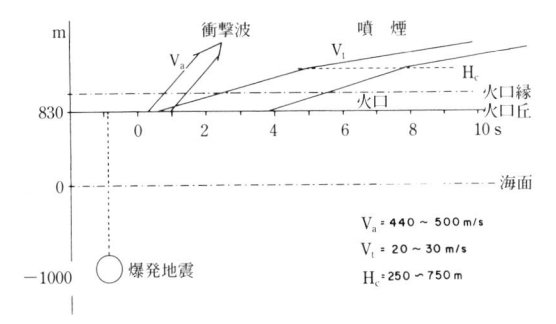

図 3.5 桜島火山の爆発的噴火に伴う爆発地震,衝撃波,火砕物の初期時刻(Ishihara, 1985).V_a:衝撃波,V_t:火砕物(噴煙),○:爆発地震.

振計,ビデオ画像の併用によって図3.5に示すように得た.これによれば,爆発地震は衝撃波と火砕物が火口底から飛び出す約1秒前に起きていることになる.

桜島のみならず多くの火山の爆発地震の初動はすべての方向に押しであるから,火道のマグマ柱の中で急激な体積膨張が発生するに違いない.この急激な体積膨張はなぜ起こるのだろうか.その理由としては二つのことが考えられる.

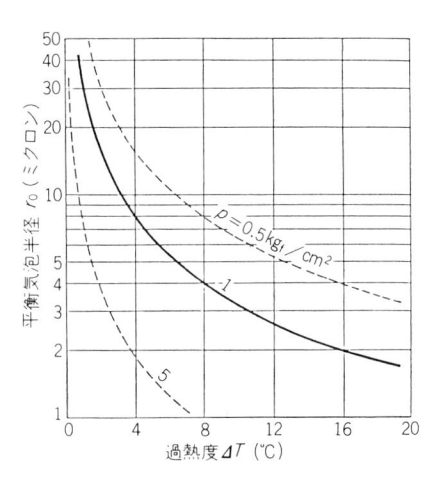

図 3.6 水の平衡気泡半径と過熱度の関係(甲藤,1976)

① 噴火の初期段階で,火道上部に蓄積されはじめた高圧のガスが少し漏れはじめて負の圧力波が下部に伝播してマグマの強い発泡を促す.
② マグマ柱の下部から高温のマグマの小塊が上昇してくる.ある深さで揮発性ガスが飽和状態になっていると,過熱状態となって急激な発泡が起こる.圧力を変えたときの水の沸騰と過熱度の関係を図3.6に示した.これは有名な沸騰曲線といわれるもので,圧力が高いと,わずかな過熱

度（過剰温度）で急激な発泡が起こるのだ．同様な実験として，ジェチルエーテルの沸騰がある．10秒間に1個の気泡を発生させるのに，1気圧のもとでは過熱度が100℃（飽和温度34.5℃）必要なのに，10気圧のもとでは過熱度はたかだか31℃（飽和温度120℃）でよい．これらの観測と実験から想像すると，高温のマグマの注入が火道にあると，たとえその部分のマグマの揮発性成分が不飽和であっても，圧力が高いので激しい沸騰が起こり急激な体積膨張となる．このモデルのほうがsoda pop modelより現実的であろう．

以上わが国に多い爆発的噴火について述べた．

4. 噴火の前兆

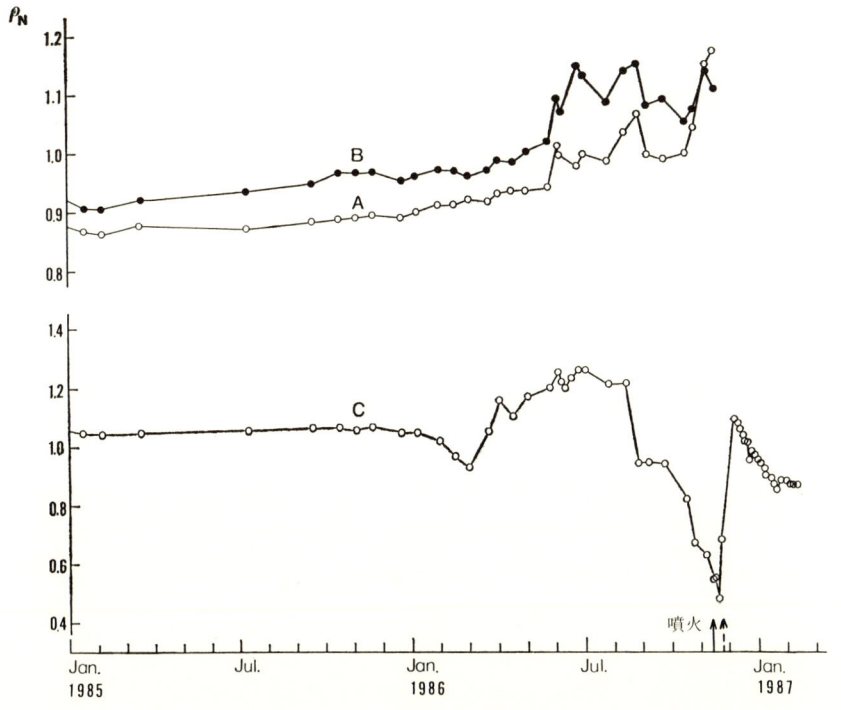

1986年11月の伊豆大島火山の噴火に先だって観測された三原山直下の見かけ電気比抵抗の変化．三原山山頂火口を挟んで一方から直流電流を流して反対側で電位差の繰り返し測定を行った結果，C測線で7月ごろから見かけ比抵抗の減少が観測された．さらに噴火発生の直前には急激な減少が明瞭になった．これは微動の発生と同時期であり，マグマが三原山直下の火道の浅い所まで上昇してきたことを示している（Yukutakeら，1987）．

4.1 火山活動とは

　マグマ溜りにマグマが蓄積されはじめると，直上の地表面を中心として地盤の隆起が始まる．最近では観測機器が多様化して精密になってきたので，火山体内部に起こる種々の現象を検出することができるようになった．山体の膨張は，水準測量，辺長測量，傾斜計，伸縮計，GPSなどの測定で長・中期的にわかるようになる．さらに，地下の高温部分が拡大すると地磁気変化に現れる．これらの現象はマグマ活動の活発化を意味しているが，それが直ちに噴火に結びつくとはいえない場合が多い．噴火への準備段階であって，これらの観測された現象をimplicit（内在的）な火山活動というべきであろう．マグマが火道を上昇するにつれて，浅い地震（火山地震という）や微動（火山微動という）が起こりはじめる．

　その他，地熱や噴気温度の上昇や火山ガスの成分変化も観測されるようになる．この段階はexplicit（顕在的）な火山活動といえる．これが短期的な噴火予知に重要な要素となる．やがて地表の現象としての噴火が終息して，それまで観測されていた地震・微動・地殻変動・地熱異常などが下火になって平常のレベルになると，火山活動が終息したという．噴火は火山活動のクライマックスということになる．

　有史以来噴火の記録のない火山でも噴気地帯があったり，ときどき地震が起こったりする例は少なくない．1979年に水蒸気爆発をした御嶽山は8世紀に開山しているが，噴火の記録がなかった．しかし，山頂では噴気活動が活発だったため活火山に指定されていた．箱根山では噴気活動が活発で，神山の地下浅いところで群発地震がときどき起こっている．これも地下のマグマの熱源によるものだが，有史以来噴火の記録はない．噴気・温泉によって地上に運び出される熱量は，年に1回中規模の噴火を起こすエネルギーに匹敵している．箱根山では定常的な火山活動があると理解すべきである．

　1978年1月14日12時24分，伊豆大島西北西沖合約10kmで伊豆大島近海地震（マグニチュード7.0）が発生した．これに先立って，前年の10月末から大島を中心として群発地震が起こりはじめた．初期の段階では大島直下で

発生し，震源は次第に深くなりながら西方の海域に移動していった．ところが，本震発生直前の1月13日20時38分ころから，大島で有感地震が多発し，翌日の12時06分までに震度IV 4回を含めて計51回を数えた．筆者は大島に電話で状況を聞いたところ，特に14日は朝から揺れっぱなしだということだった．すぐ地震計を担いで東京駅から熱海経由で大島に向かうべく新幹線に飛び乗ったが，12時24分の本震が起こって東京は震度IVとなり列車の運行がストップしてしまった．改めて夜の船で大島に渡ったのであった．群発地震を含めて大島では崖崩れなどの被害が出た．1905年6月にも同じ場所でマグニチュード7.0の地震があった．このときも5月末から大島を中心として有感地震が発生しはじめ6月7日の本震となった．福地信世の調査によれば，地震の前後において三原山の活動に異常が発見されなかったという．1978年の地震においても，三原山火口内の一部崩落以外に微動など新たな火山活動の兆候はなかった．この2例を見ると，本震発生前の有感地震の原因はマグマ活動に起因するものではなく，不均質の火山体に応力の集中があったことによるのだろう．したがって，この事件は大島の火山活動として考えるのは不適当である．火山近傍の地震発生に誘発されて，火山に微動や地震が起こる例はある．そして，噴火に至るケースも報告されている．これは火山活動が励起されたということになる．

4.2 宏観異常現象

噴火の前兆として計器による異常データの検出が最も重要なことはいうまでもないが，住民による地変の発見も見逃せない．「静岡県防災情報研究所」のホームページを開いて{宏観異常現象}の項をクリックすると，次のようなことがディスプレイ上に現れる．

宏観異常現象の収集
地震の発生する際に動物の異常行動や地下水，地鳴りなどの前兆現象が起こることは広く知られています．このような前兆現象に関する情報を幅広く県民の皆様から収集し，地震の予知に役立てようという

のが宏観異常現象収集事業です．

    a．宏観異常現象とは
    b．宏観異常現象の事例
    c．宏観異常現象の受付
    d．現在までの受付内容

{宏観異常現象とは} には次のようにある．
1. 宏観異常現象とは
　　大きな地震の前には観測機器に頼らず人間の感覚によって感知される前兆現象があることは広く知られています．井戸水に変化があった．異様な光や雲・虹を見たなどという話は昔からよく聞かれ，1944年の東南海地震の時には437件の宏観異常現象が記録されています．このような精密機器によらないでも感知できるような前兆現象を中国では「宏観異常現象」と呼んでいます．
2. 宏観異常現象の特性
　　過去の事例によると，宏観異常現象の出現パターンには若干の規則性が認められます．
　　　先行時間……
　　　　前兆現象は，大地震の100日位前から異常が出現し始め，10日位前からは急増し，約1日前にピークに達するような傾向にあることが認められます．
　　　出現距離……
　　　　前兆現象の発生する範囲は地震の規模に比例し，規模が大きくなるほど前兆現象の発生する範囲も拡大します．

さらに過去の地震の調査から記録された，宏観異常現象の事例として：
(1) 井戸水・温泉の変化（水位・水質の変化）
(2) 動物の変化
　　(ア) 哺乳類……
　　　暴れる，小屋に入らない，餌を食べない，鳴く，吠える，子供を

連れて外へ逃げ出す，飼い主を噛む等
- (イ) 鳥類……

餌を食べない，巣に入らない，悲しく鳴く，興奮して集団で飛び上がる，いつもいる場所から逃げ出す，抱卵をやめる等
- (ウ) 魚類……

水面を飛ぶ，いない場所に現れる，川魚が海に，海魚が川に現れる，深海魚が獲れる等
- (エ) その他……

ネズミ（いなくなる，人前から逃げない，走り回る）

蛇（冬眠から出てくる，人前から逃げない）等

(3) 発光現象　（略）

(4) 地鳴り　（略）

(5) 電磁波

テレビ……縞が入る，画像が全く映らない．

ラジオ……ノイズが入る，入りが悪くなる．

(6) 海水面の変化

海面の色が変わった，海面に気泡が見えた，海面に対し陸地が見えるほど隆起，または沈降した，潮の満ち引きが著しい等

(7) 地形・地温変化

土地の隆起や沈降，傾斜地の亀裂の発生，はらみ出し，地温の変化による木々の立ち枯れ等．

（以上静岡県防災情報研究所のホームページ http://www.e-quakes.pref.shizuoka.jp による）

このような異常現象は 1960～1970 年代，中国で頻発した地震の際に多数観察されて，中国語で「宏観異常現象」と呼ばれるようになり，大地震の予知や警報の発令に実際に役立ったとされている．英語では "macroscopic anomaly" という．この現象は中国のほか，日本，米国，イタリア，旧ソ連などにも多くの報告がある．力武常次は「予知と前兆」（近未来社，1998）の中で，各国の取り組み方に言及している．たとえば，米国ではカリフォルニアの地震

発生が懸念されている地方に，あるシンクタンクが米国地質調査所（USGS）の研究費で300人のモニターを委嘱して動物の異常行動を観察するプロジェクトを実行している．その中で力を入れているのは，乳牛のミルク生産量，鶏卵の生産量，漁獲量，コウモリの昼間出現度数，動物の鳴き声などである．

大地震発生前の異常現象は先行期間が短くなるにつれて発生場所・発生頻度がやがて起こる本震の震源付近に集中してくるという．力武は"にせ"シグナルの除去に工夫をこらし，適当な処理を行えば，宏観異常データも地震発生確率の算定，さらには震央やマグニチュード推定にまで役立つことを示し，「ようやく科学と呼べるようになってきた宏観異常現象について国はもとより地方自治体や民間でも，この研究を助長したり，実際の地震防災に役立てることを願っている」とある．

一方，火山の大規模な噴火での宏観異常現象の報告は，地震に比べてきわめて少ない．その理由の一つは現象が起こる範囲がきわめてローカルだからかもしれない．噴火の前には地震が起こったり，地熱上昇，地殻変動，火山ガスの発生など，計器にかからない事前の異常現象があって然るべきである．その例を以下に示そう．

a. 1914（大正3）年桜島の噴火

この時代になると噴火に関する多数の記録が残っている．山科健一郎はこれらの文書にもとづいて噴火発生時の状況を注意深くまとめている．それによれば，南岳火口からの目立った煙の噴出は1月12日09時07分ごろ，西山腹からの噴火開始は09時58分ごろと推定された．一方，1月11日03時41分以降鹿児島測候所の地震計は頻繁に地震を記録しはじめていた．それに先だって10日02時ごろ，漁師が火映らしきものを望見している．また，東桜島村助役の長女が12日7時ごろの朝食時に「5，6日前から一滴の水なき井戸に多量の水出づる」といった．助役は万一に備えて海岸に出て船を待っていたが，海面は満潮より三間ぐらい高く，不思議に思って助役宅の下にある温泉を見ると，直径70～80 cmの水柱を立てていたという．また，北東海岸の高免で噴火を経験した住民によると，「集落の共同井戸が噴火の起こる一カ月位前から干潮になると干上がってしまった．12日朝6時頃水汲みに行くと，井戸の水は上

から約 1.5 m まで上昇していた」という．前記助役はさらに「いよいよ桜島の爆発に相違ないと，8時過ぎに住民に避難すべしと集めた．そのうちに水は石垣の下から流出して海水は一面の湯気を立てていた」．その他の報告を総合すると，かなり前から井戸の水位が下がり，噴火の直前に水位が急上昇したことになる．前兆現象として井戸の水位の変化が重要な役割を果たしている．こ

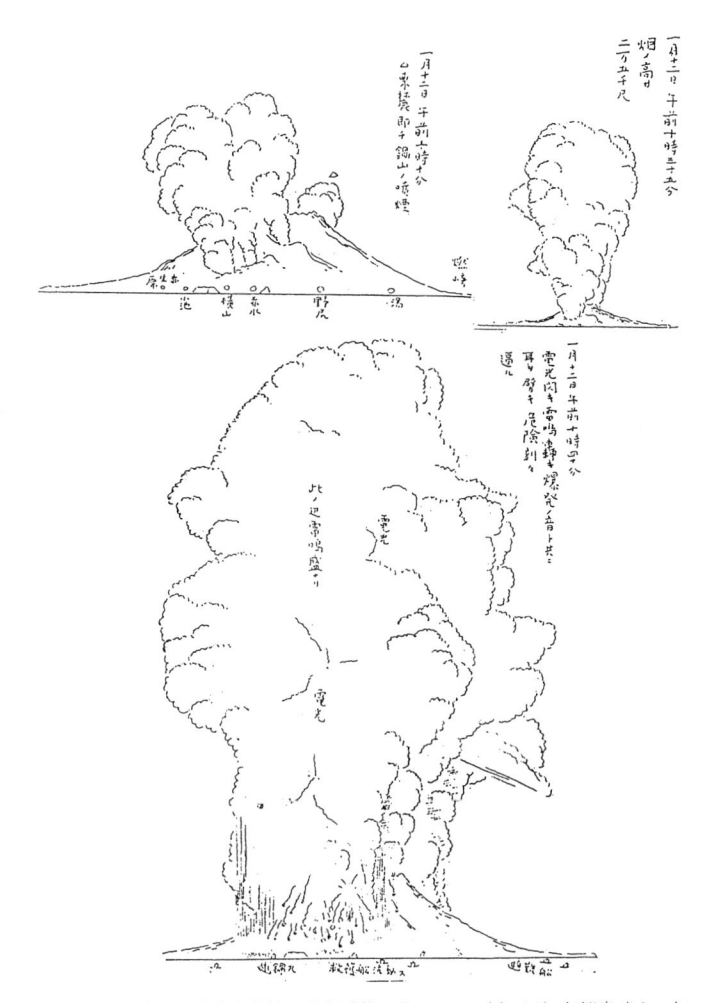

図 4.1 鹿児島第一高等女学校，大瀬秀雄による 1914（大正 3）年桜島噴火の初期の段階のスケッチ（鹿児島県立図書館所蔵）（山科，1998）

れは，噴火前の地殻変動によって地下水系が変化したことと，不透水層の傾斜がからみあって生じる現象と思われる．このような地下水や温泉の異常は地震の場合にも報告が多い．

b． 1977～1982（昭和52～57）年有珠山の噴火

1977年8月7日9時10分，小有珠の東麓で火山ガスが噴出しはじめ，12分に激しい軽石噴火が始まった．これは約32時間の群発地震の後のことであった．長期にわたる噴火活動により火口原の中央部は180m隆起して有珠新山潜在円頂丘が生まれて1982年3月に活動が終わった．過去の記録によれば，有珠山では有感地震は噴火の3～5日前に発生しているが，この噴火では32時間で噴火にいたっている．「有珠山―その変動と災害」（門村 浩・岡田 弘・新谷 融編著，北海道大学図書刊行会，1988）に以下の記述がある．

「有珠放牧組合の石橋 裕さんは，木島 正さん・フミエさん夫妻と合流し，噴火当日8時50分頃火口原の小道にジープで乗り入れていた．牧場の牛にはやり病の心配があって，連日登っていたのであった．先に進んだ木島さんの車は，小道を横断する縦ずれの断層群に遮られて進めなくなった．前日午後激しい群発地震のときは亀裂もなく車で通過出来た地点であった……」．石橋さんは車を放置して断層の写真を撮った後，小有珠の麓から白煙が立ち昇っていったという．この断層がその後5年間に有珠新山へと成長した生まれたての地変だったのである．また，東外輪山と昭和新山とを結ぶロープウェイのケーブルは噴火当日の7時30分ごろの測定値によると，約25cm縮まったことがわかった．これは東外輪山の押し出しによるものであった．このように，地震活動とは別に噴火発生前に目で見える地殻変動が進行していたことになる．

c． 1983（昭和58）年10月3日三宅島の噴火

噴火後の東京大学社会情報研究所（当時新聞研究所）によるアンケート調査によると，次のような現象が住民から得られた．

これらの真偽を確かめることはできなかったが，2週間前から海水温が上昇したという報告もあり，何らかの異常現象が噴火のかなり前から起きていた可能性がある．しかし，この調査では，報告者名，場所，日時，および詳細な記

4.2 宏観異常現象

異常現象	先行期間
イタチが庭に現れた	1カ月，2週間
多くのイタチが現れた	2カ月
ネズミの集団移動	2カ月
ネズミが家の中で駆け回る	2日
ネズミが家から消えた	2カ月
多数のミミズが死んだ	6カ月
ミミズの集団移動	2カ月
サンゴが死ぬ	2カ月
マアジの異常な不漁	数時間
(海底からの泡)	1日，2カ月

事が欠けているので信頼度に欠けている．1963年ハワイ火山観測所に滞在中，当時は地震観測網が不十分だったせいか，島内にモニターを多数委嘱して，地震を感じたら観測所に電話連絡するようになっていた．滞在中，確かに電話連絡があった．このように個人を指定した〈モニターシステム〉と〈有志情報〉の組み合わせは，機器による火山活動観測を補完することになろう．特に，噴火前の地変（地割れ，地熱，草木の枯死，地下水，温泉，海面などの異常）や動物・魚類の異常行動は噴火発生前に出現する可能性が高いので注意すべき事項である．

住民から上記に関する報告があったら，直ちに役場・測候所職員が当人に会い，実地検証をすることが重要である．これは真偽を確かめることと，以後も住民の関心事を高めることになる．聞き流すだけでは何もならない．

現代の人間は，特に都会に住む人間は，危険に対する防衛本能が退化してきた．動物の「不安度」は生存本能から敏感に環境変化をかぎ分けることができるのだろう．コンクリートで覆われた都会ではミミズやヘビの異常行動などを観察する機会はほとんどない．また，水面の高さを知ることができる井戸も少なくなってきた．1975年中国の海城地震は宏観異常現象が予知に役立った良い例であるが，地震の前の宏観異常現象は各国でも多く報告されているので，機器観測だけに頼っている地震予知や噴火予知に欠かせない事象である．

―― *Coffee Break* ――

　1975年2月4日の中国遼寧省海城地震（マグニチュード7.3）は「地震予知成功第1号地震」として有名になった．それ以前に中国河北省から遼寧省にかけて地震活動が活発であった．1974年ごろには，地殻変動や微小地震活動の観測から，「遼寧省の営口-大連地区に近い時期に破壊的大地震が発生する危険がある」として，遼寧省革命委員会は同年12月20日に短期予報を出した．1974年12月中旬になると，明瞭な宏観異常現象が報告されるようになった．たとえば，冬眠中のヘビが穴から出て雪の上で凍死した．あるいはネズミが群をなして現れたなどである．一方，傾斜計による危険な兆候も観測されはじめ，国家地震局は全国地震状況討論会議（日本の地震予知連絡会に相当）を1975年1月中旬に開催して，1975年前半に震源区を遼寧省南部の営口から金縣に至る地帯と想定してマグニチュード6級の地震が起こる可能性を指摘した．このころには遼寧省南部全域で各種動物の異常，地下水の湧出，井戸水の上昇，下降，変色，泡立ちなどの報告が集まってきていた．また，金縣-営口一帯は地震活動の空白域となっていた．2月になると，動物の異常行動も一段と目立つようになった．子ブタは嚙み合い，ブタは餌を食べなくなり，垣根や門をよじ登った．ウシは角を付き合わせてけんかを始めた．2月4日には井戸から水が溢れだした．地震活動や地電位観測に異常が現れたため，省革命委員会は全省に臨震警報と防災指令を2月4日午前10時に発令した．シカは小屋の中で驚いて飛び上がり，やたらに走りだして柵の門を開けてしまった．午後になると，アヒルが飛び上がって100mも飛んだ．上からの指令にもとづいて，住民は避難小屋に移り，家畜は小屋から離した．そして，午後7時36分にマグニチュード7.3の海城地震が発生したのであった．（力武常次著：「予知と前兆」から）

5. 噴火の予知と予測

カムチャツカ半島の活火山．手前 Bezymianny，中央 Karmen，後方 Klychevskoi（カムチャツカ火山研究所による）．

「予知」を国語辞典で引くと「ことの起こる前に前もって知ること」とある．予知能力や地震予知などと用いられており，噴火予知という言葉も社会に定着している．一方，「予報」という言葉は天気予報というように用いられ「前もって報知すること」と定義されている．予知は文字どおりに解釈すれば，「あらかじめ知ること」であって，宏観異常現象でも述べた地震の前の動物の異常行動も予知ということになる．日本語はむずかしい．

　大森房吉は，1910（明治43）年の北海道有珠山噴火の際に微動計による地震観測を行った．その報告の中で，噴火の豫知に就いてとして，「一火山の噴火は其の都度噴出口の位置を異にすることあるも，兎に角破裂を同一火山より繰り返すものなれば，噴火の豫知するは地震の豫知に比すれば頗る簡単なるべき筈なり．（中略）噴火を豫知すること必ずしも不可能に非ざること有りとす」（震災豫防調査会報告第87号）と述べ噴火予知の可能性と必要性を強調している．大森は予知という言葉を災害軽減のための警報発信として考えたことは明らかだ．一方，「予測」という言葉を用いることもある．辞典によれば「前もっておしはかること」とある．この言葉はより先の長い事象，たとえば地球温暖化予測のように，多分に不確かな量的な予想を意味するのではないか．火山でいえばある火山の活動の長期予測といった場合に使うようだ．この章では，噴火予知とは何か，その問題点について述べてみよう．

5.1　噴火予知の社会的背景

a．国内的背景

　今世紀に入って，多数の死者あるいは甚大な災害が出た火山噴火の主要なものを以下に示す．

　　　1902（明治35）年　　　　　伊豆鳥島噴火．兵庫湾形成．全島民125名死亡．

　　　1914（大正3）年　　　　　桜島大噴火．村落埋没，溶岩流．マグニチュード7の強震．死者58名．

　　　1926（大正15）年　　　　　十勝岳大爆発．泥流発生．死者144名．

　　　1929（昭和4）年　　　　　北海道駒ヶ岳噴火．軽石流．農林・畜産の被害

大.

1944〜45（昭和19〜）年	有珠山昭和新山生成．地殻変動．
1952（昭和27）年	明神礁海底噴火．海上保安庁観測船遭難．31名死亡．
1962（昭和37）年	十勝岳爆発．山体一部崩壊．死者5名．
1962（昭和37）年	三宅島山腹で割れ目噴火．噴火後地震群発で学童島外疎開．
1972（昭和47）年	桜島の爆発が頻発．家屋破損，農作物の被害．以後活動が続く．
1977〜78（昭和52〜）年	有珠山大噴火．有珠新山形成．顕著な地殻変動，泥流．
1983（昭和58）年	三宅島割れ目噴火で村落埋没．
1986（昭和61）年	伊豆大島噴火．カルデラ内外で割れ目噴火．全島民島外避難．
1989（平成元）年	手石海丘海底噴火．
1990〜95（平成2〜）年	雲仙普賢岳噴火．溶岩ドーム形成．火砕流，土石流．死者43名．
2000（平成12）年	有珠山噴火．北西山麓から噴火．住民避難．

これらの噴火以外にも小噴火や群発地震など火山活動が活発化した例は少なくない．わが国の噴火予知を述べる上で国立大学による火山観測を主とした研究の歴史は重要なポイントになる．昭和初期には，現在のような近代的機器もなく，また，無線テレメータの技術もなかった．1975（昭和50）年までにあった大学の火山観測所は阿蘇火山研究施設（京都大学理学部，1928（昭和3）年設立），浅間火山観測所（東京大学地震研究所，1933（昭和8）年設立），桜島火山観測所（京都大学防災研究所，1960（昭和35）年設立），霧島火山観測所（東京大学地震研究所，1964（昭和39）年設立）の4観測所のみであった．これらの観測所では火山現象の基礎的研究を目的としていたが，同時に噴火予知研究にも力をそそいでいた．観測の主流は旧式の地震計による煤書き記録や，労力の多い水準測量などであった．これらの観測手法は現代から見れば誠に古めかしい，お粗末なものであったが，それでも噴火の前兆予知研究の基礎

となったのであった．また，大学の観測所に対する地元の期待と信頼感は格別のものであった．

　ここで，1914（大正3）年桜島の大噴火を振り返ってみよう．前年の5～8月にかけて地震が多発し伊集院で被害がでた．このとき鹿児島市街でも有感であった．11月～12月には霧島山の御鉢が噴火，さらに翌1914年1月8日にも噴火していた．4章で述べたように，1月10日に鹿児島で地震が起こりはじめ，島民は自主避難を始める．12日午前8時半ごろ，有村海岸で熱湯噴出などの地変が続出した．噴火による軽石は海面を埋め，船による避難がたいそう困難になった．マグニチュード7の地震をも含めて死者は58名，負傷者は112名であった．これだけの大規模な噴火の割には人命の犠牲が少なかった．この理由として，噴火前の有感地震の頻発によって，島民の自主避難があったことが挙げられる．島民からのたびたびの問い合わせに対して測候所は，桜島には変化なしと回答したことが，後々問題となった．当時は，測候所の地震計は簡単地震計三成分しかなく，どうも震源は錦江湾北部と考えていたふしがある．三成分の地震計から震源を求めると，桜島直下ではなく，やや北西に求まった故に，これらの地震は爆発の前兆ではないと判断したらしい．さらに，島民の不安を和らげるために，爆発の危険性はないと回答したのであろう．今日では考えられないことであるが，爆発直後の新聞報道（号外も出た）は，噴火の様子や被害，救援活動などが記事を埋めて，測候所が予知できなかったことについての追及的記事は見当たらない．事後，このことが問題になった．当時は地震予知も噴火予知も社会的視野にはなく，ましてや防災という観点からの国の責任事項でもなかった．

　大正噴火は，世界中に大々的に報道されている．ロンドンタイムスは1月15日の紙面に，1日遅れでニューヨークタイムズにも報道され，各国元首からの見舞電報や見舞金が送られてきた．世界的な事件だったのである．当時ハワイ火山観測所長だったジャガーは噴火1カ月後に長崎に上陸して桜島に調査に来た．彼は後に噴火規模が大きかった割に人命の損失が少なかった理由として，住民の直感，行政の英知，幸運の三つを挙げている．さらに噴火後の早い復興については，日本人固有の考え方として「仕方がない」(it can't helped)を述べている．これは日本人の災害観としての運命論をいっているのであっ

て，現代ではそれでは済まされず，真っ先に噴火予知に携わっている科学者がマスコミのやり玉にあがるのが必至である．

　噴火予知を進めようという気運が国内的に盛り上がってきたきっかけは桜島の頻発する噴火であった．1955年以来の桜島南岳の噴火が1972年10月から激しさを増して，鹿児島市内や近郊に降灰の被害が出てきた．家屋，道路，屋外プール，車両の除灰は地元行政と住民にかなりの経済的ダメージを与えたのである．さらに，大正噴火のような山腹噴火を伴う大規模な活動も危惧された．このような状況のもとで，噴火災害を軽減するために噴火予知の実用化を求める社会的要請が強くなってきた．1973（昭和48）年7月に「活動火山周辺地域における避難施設等の整備等に関する法律」（いわゆる活火山法）が制定され，翌年4月「活動火山対策特別措置法」に改正された．国も火山災害軽減の重要性を認識してきたことになる．

　一方，わが国の地震予知は，1960（昭和35）年のチリ津波による被害，続いて日向灘地震，北美濃地震の発生，さらにアラスカ地震，新潟地震発生などから，1962（昭和37）年に「地震予知─現状とその推進計画」（いわゆるブループリント）が公になり，大学・関係官庁が協力して地震予知に乗り出すことになった．文部省測地学審議会の建議を経て1965（昭和40）年から第1次地震予知（5カ年）計画がスタートした．地震予知はわが国にとって第一級の重要なプロジェクトであった．地震研究の歴史も古く，研究者の数も多かった．そのころ，観測を主とする火山研究者は数も少なく，地震に比べて研究予算も少なく，火山観測所の古めかしい地震計などで，それこそ細々と研究していたに過ぎなかった．

　いわゆる「活火山法」の制定もあり，第5代測地学審議会会長の永田　武は噴火予知計画の推進の必要性を考えて，ある日，当時の主要な火山物理学者（横山　泉，久保寺　章，加茂幸介，下鶴大輔）に噴火予知計画の基本方針を緊急に作成せよと伝えられた．このようにして，1973年6月29日に開催された測地学審議会の建議「火山噴火予知計画の推進について」がまとめられたのである．永田はもともと地球電磁気，特に岩石磁気が専門だったが，三宅島や伊豆大島では火山の研究をされ，「俺には火山の論文が26もあるぞ」といわれていた．この建議はちょうど「活火山法」が制定される直前であった．地震予

知計画は，発足時は地震予知研究計画であったが，社会的要請に応えて，第3次計画から，「研究」という文字をはずして「地震予知計画」として発足することになっていた．大学の先生方が悠々と研究されては困るし，それでは予算も十分獲れないという文部省の考えであった．このようにして，「第1次火山噴火予知計画」は地震予知計画から遅れること10年の1974（昭和49）年からスタートした．発足時の予算は地震予知のほぼ十分の一だった．

　このように噴火予知計画が国家的プロジェクトとして発足したわけであるが，大学の火山観測を主とする火山研究者は，それまでバラバラに活動してきたわけではなかった．噴火予知研究のための全国的な組織として，文部省科学研究費特定研究による「噴火予知特定研究班」が水上　武がリーダーとなって設けられて，1965（昭和40）年には富士山の地震活動に関する集中観測が実施されていた．この観測には，北海道大学，東北大学，東京大学地震研究所，名古屋大学，京都大学防災研究所が参加していた．噴火予知の全国的な組織づくりは，噴火予知計画の出発以前に文部省科学研究費によって早々とスタートしていたわけだ．このように噴火予知計画発足にあたっての全国的な組織づくりのポテンシャルは十分に備わっていたことになる．

b．国際的背景

　1963年バリ島のアグン火山の噴火は2000名の命が失われたことと相まって，当時全地球的な日射量低下を招いたこととして大きな事件であった．その後も，1965年ルソン島のタアル火山の噴火，1966年ジャワ島のクルー（ケルート）火山の噴火など，環太平洋において火山災害があいついだ．これらの事実を踏まえて，1971（昭和46）年の第15回IAVCEI（国際火山学地球内部化学協会）総会で，火山災害軽減委員会の設立が決まり，1975年に世界中の危険な火山と火山観測の基礎的なデータを収集して1975年に出版した．これは筆者が担当したが，収集とまとめには大分苦労したことを覚えている．このような火山災害軽減の推進という強い要望のもとで，1979年のIAVCEI総会では，定款の一部の改正を行い，目的の一つとして「火山学者に要望することは，活火山および潜在的な活火山の観測強化，及び危険度予測の重要性を関係行政に勧告する」とした．この定款一部改定が途上国の火山観測体制の強化に

どれだけ繋がったかはわからないが，その後 1985 年のコロンビア国ネヴァド・デル・ルイス火山の噴火の泥流で 25000 名の死者を出した事件によって，噴火予知を目的とした火山観測が各国で加速されるようになった．

Coffee Break

　火山学では古くから「輪廻」(volcanic cycle) という言葉がある．輪廻とはもともと哲学や仏教の概念で，紀元前にインドや古代ギリシャで生まれた思想である．サンスクリット語ではSamsaraという．英語でいうならばtransmigration of soulsで，わが国にはインドから仏教とともに伝わってきたといわれる．元来の思想は，過去—現在—未来の時空的概念にもとづいており，たとえば，プラトンによれば，「魂は現世から来世に行って，そこに生存し，再び現世に戻ってくる」という考えである．プラトンの思想を自然現象に置き換えてみるとどうだろうか．たとえば，大地震の繰り返し発生については，魂⇒活断層，現世⇒地震発生，来世・生存⇒静穏期，現世⇒地震発生という順序になるだろう．また，火山噴火に置き換えてみると，魂⇒マグマ・火山，現世⇒噴火活動，来世・生存⇒静穏期，現世⇒噴火活動と置き換えることができる．もちろん，地震も噴火もマントル対流・プレート運動という力学的プロセスによる地球上の自然現象であって，何もプラトン的思想を持ち込むことはないが，過去・現在・未来という時空的概念には共通するものがある．「現世」に視点を置いてみれば，「過去」も「未来」も因果関係にあるといえよう．いま，火山活動を考えてみると，「未来」については，当該火山の今後の活動を予測・予知することになり，「過去」については，その火山の活動史を明らかにすることになる．この時空的概念に立てば，過去を知ることは，すなわち，未来を見据えることにつながる．

5.2　噴火予知の 5 要素と問題点

　噴火予知は，理論でもなく，実験室内での発見でもない．もちろん，これらは観測データの解釈に必要なものだが，噴火予知はあくまで経験科学である．数多くの噴火とその前兆現象を可能な限りの手段で観測・研究し，それらの成果から，ある法則を導き出す帰納的方法に頼らざるをえない．噴火予知の目的は，前もって火山の異常データを詳しく把握して防災に寄与することである．

地元行政の防災プログラムを早期に立ち上がらせることが要求される．そのためには以下の5項目をタイムリーに知らせることとなる．

a． いつ噴火が起こるか

噴火が起こってしまってからアタフタしても手遅れなので，噴火がいつ起こるかを事前に社会に知らせることが防災対応に欠かせない．「数十年後には噴火する可能性がある」といっても，地元行政や住民には心の準備もできないし，緊迫感は生まれないので大した意味はないだろう．噴火の危険性については，適当な時期に発表することが求められる．前触れもなく噴火することは希で，火山活動は段階を踏んで発達してくるので，観測を地道にしっかり行っていれば危険度の段階は把握できる．静穏期のデータがなければ異常はわからない．最近のGPS観測技術の進歩によって，火山の地殻変動が常時明らかになってきた．たとえば山体の膨張は地下のマグマ溜りへのマグマの蓄積を意味するが，それだけではどの段階で噴火に至るかは不明である．防災対応のためには，次のような予知の段階を踏むことが適当と思われる．

ⅰ） 長期的予知

数年～10年を目安．過去の噴火サイクルや，噴火した場合の災害の重大性などを考慮に入れて，科学者が健康診断を行う．活動度の発表は不要だが，地元には火山活動度の評価を伝えておくことが望ましい．この段階では地元防災行政は，地域防災計画，防災マニュアルなどのチェックを行っておく．

ⅱ） 中期的予知

2～3カ月から2～3年を目安．地殻変動，地磁気変化，熱異常などが観測された火山では，科学者は観測強化を進め，また，防災行政は緊急時に備えての連絡網の整備，ハザードマップの習熟などが必要．

ⅲ） 短期的予知

数週間～1カ月が目安．噴火のポテンシャルがきわめて高くなった状態である．科学者-地元行政，住民-地元行政間の連絡を密にする．火山情報の発表は頻繁になる．緊急時に備えて，起こるべきシナリオ（噴火場所，加害因子，災害弱者など）を想定して災害に備える．

iv) 直前予知

2〜3日が目安．これが現実的な予知となり，噴火予知の終局的ゴールである．

以上が噴火予知の段階的姿であるが，自然現象は複雑で気まぐれな上，マグマの性質によって前兆現象のパフォーマンスが種々であったり，同じ火山でも前兆現象がいつも同じパターンとは限らない．火山の山麓や周辺には経済・観光道路があり，噴火の危険が迫ってきたからといって，1カ月も交通規制をしていくことは不可能に近い．それだからこそ，直前予知が現実的なのだ．噴火日時の予知については以下のような問題点がある．

(1) 噴火現象は液体・固体の破壊が本質だから，本来ならば確率過程で支配されるはずである．われわれは噴火発生を確率で表現できるほど過去のデータを持ち合わせていない．もし，降雨確率のように明日の噴火確率は40％ですと発表したら，地元ではどう対処したらよいか迷うに違いない．翌日30％という数字になったら，どうするだろうか．

(2) 噴火発生（火砕物・ガスの噴出）は，ある引き金（トリガー）がきっかけとなって起こる．それらは，以下のようだが，われわれにとってはブラックボックスに近い．

① 気象的要因　　多量の降雨が地下にしみ込んで高温のガスやマグマに接触すると爆発的に噴火することがある．

② 地球潮汐　　天体，特に月の引力によってマグマ溜りが膨張あるいは収縮してマグマを地表に噴出させる．

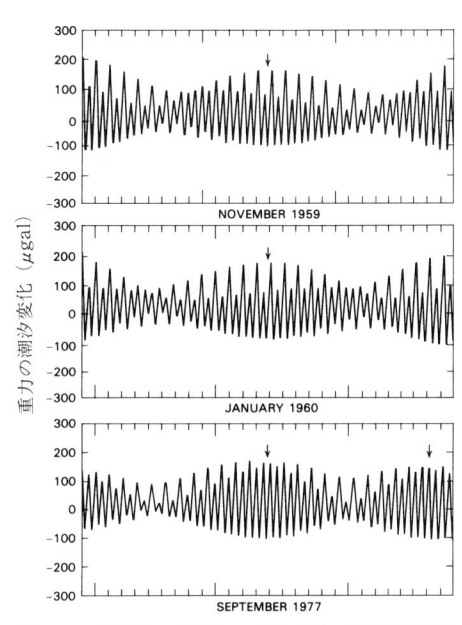

図 5.1　キラウエア火山の噴火（↓）と地球潮汐との関係（Dzurisin, 1980）．縦軸は重力の潮汐変化．2週間周期の極大のとき（収縮のとき）に噴火が起こることを示す．

その一例を図5.1に示す．このような綺麗な相関はキラウエア火山がホットスポット火山だからかもしれない．
③ 近傍の地震　近くで地震が発生した影響で，火山が圧縮場になるか張力場になるかで，マグマが噴出することがある．この場合にはマグマ溜りがほぼ臨界状態にある必要があるが，われわれには臨界状態にあるかどうかの推定がむずかしい．
④ 嵐の前の静けさ　噴火活動が一時的に終息したかに見えても，再活動をする場合がある．これは，避難指示解除を出すタイミングに決定的に重要な意味を持っている．

b．どこから噴火するか

　安山岩質成層火山では，山頂の噴火口からの噴火活動は長続きする．それは，何万年かかけてマグマが噴出する煙突を作ってきたからで，その煙突を使って噴火するのが最も効率がよいからだ．噴火がどこから発生するかは，住民の避難経路を含めて防災対策を立てる上で重要な問題となる．たとえば，富士山には図5.2に示すように，火口の分布の主体は山頂を通る北西-南東に分布している．現在の山容を形作っている新期富士は歴史時代に多くの噴火の記録

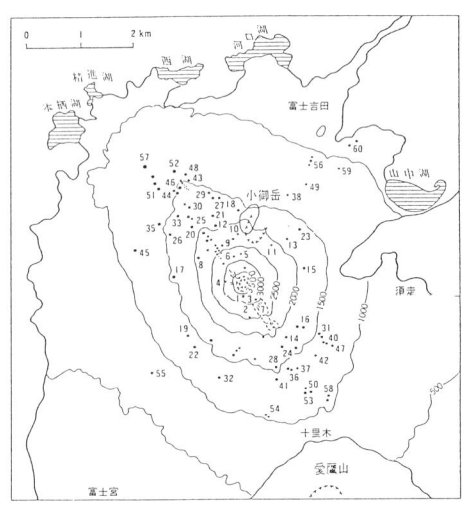

図 5.2　富士山の寄生火山の分布（津屋，1971）

があり，まだまだ油断のできない活火山だ．過去2000年以降は山腹からの噴火が主体であるが，今後，あの巨大な山体のどこから噴火するかは重大な問題である．

　伊豆諸島の一つ三宅島は伊豆大島と並んで頻繁に噴火を繰り返す玄武岩質火山だ．この火山島には噴火場所として過去の事例から，① 山腹からの溶岩噴出，② 海岸付近でのマグマ水蒸気爆発，③ 山頂雄山からの噴火が考えられる．図5.3に示すように，おもに北東と南西に放射状の岩脈が卓越している．1940年，1962年には北東で噴火をしており，1983年には南部で噴火をした．今後山腹のどこから噴火するか，また，海岸付近でのマグマ水蒸気爆発があるとすればどこかなどむずかしい問題がある．

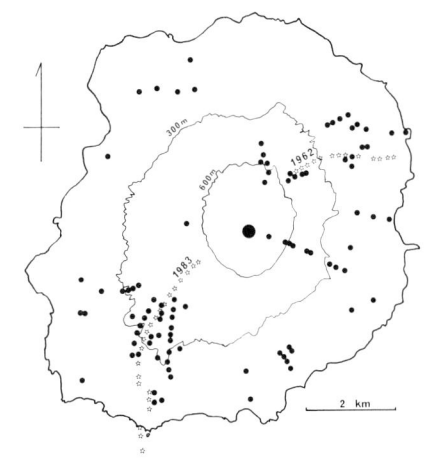

図 5.3　三宅島の放射岩脈パターン（中村，1984）

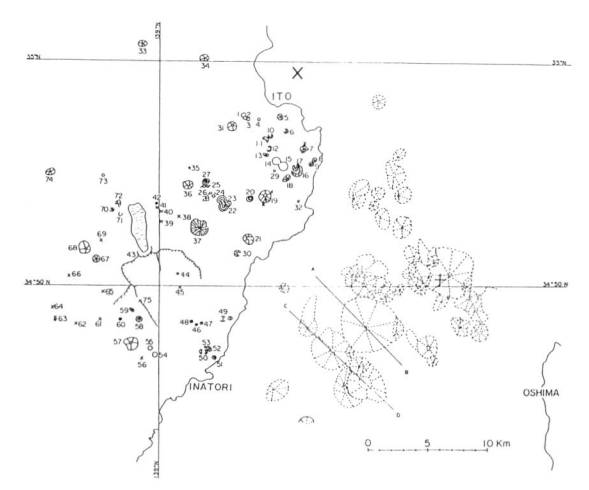

図 5.4　伊豆東部火山群（単成火山群）の分布（気象庁，1990）．×印は1989年噴火位置（手石海丘）．

一方，伊豆半島東部と東方沖には図5.4に示すように小振りの火山が密集している．これらの火山は「単成火山群」と呼ばれていた．噴出物の年代決定によれば，最後の噴火は3000年～3500年前となっており，歴史時代の活動記録はない．それぞれの火山は，すでに死んでいて再び活動することはないと考えられている．ところが，1989年に図の×印の場所で海底噴火が起きた（後述）．噴火後，気象庁はこの地域を「伊豆東部火山群」と命名して活火山の仲間に入れたのである．富士山の山腹に点在する火口なども単成火山（monogenetic volcano）の仲間だ．火山活動の輪廻が終わってしまった理由は，マグマを供給する岩脈が貧弱ですでに固結してしまい，同じ筋道を使ってマグマが上昇することができなくなったからである．このような火山群では，次にどこから噴火するかの予測はかなり厄介だ．

c．噴火のタイプ

地質学者は，火山の露頭の断面を綿密に調査して，噴出物の年代決定，古文書を含めて，その火山がいつごろどのような噴火をしたか，つまり「火山のカルテ」を作ることに努力している．マグマの化学組成が長期間変化しないと考えると，過去の噴火様式を近未来に投影することができる．この考えはマグマ溜りの寿命（火山の寿命）を考えると誤りではない．大体安山岩質火山の大規模ではない単発的噴火は爆発的で火山灰，軽石などを放出し，玄武岩質噴火ではスコリア，割れ目噴火，溶岩流などを予想しておけばよいが，安山岩質火山では噴火規模が大きくなると，岩屑なだれ，火砕流などの大災害を及ぼす加害因子も視野に入れておく必要がある．

d．噴火の規模

大規模な噴火でも，始まりは水蒸気，火山灰，軽石などの小規模の噴火で経過していく．噴火活動がその程度で終わるのか，さらに激しい噴火に移行していくのかは災害軽減の上から重大問題だ．破局的噴火が起こるのか，また，それはいつかは噴火予知の大きな問題である．一般に大規模な噴火は噴火開始直後には起こらず，数十日あるいは数カ月経過して突然やってくる例が多い．たとえば，1783（天明3）年の浅間山の噴火は，5月初めから火山灰・軽石の噴

火が始まり，8月初旬に大爆発とともに火砕流が発生して人命を含む大災害をもたらした．1980年の北米セントヘレンズ火山では，3月末に最初の水蒸気噴火があり，地震活動の低下を伴いながらも水蒸気・火山灰の放出が続いて，5月18日に運命の大爆発が起きた．一方，1707（宝永4）年の富士山の噴火は最初から爆発的で大規模であったにもかかわらずほぼ2週間で終わった．噴火活動がどの程度の，またどのような加害因子で破局を迎えるか否かの判断は厄介である．特に，長期間静穏だった火山の噴火では十分注意しなければならない．

e．いつ終息するか

　住民避難・交通規制・立ち入り規制などが実施されている場合，噴火活動がいつ終わるのかは，社会活動の復帰のため地元行政が最も知りたい情報であろう．研究者にとってもかなりむずかしい問題だ．火山活動の終息宣言は多くの場合火山情報としては明確な表現では発表していない．いままでいわゆる終息宣言を出したのは1977年から始まった北海道有珠山と1990年から始まった雲仙普賢岳の噴火であった．有珠山の場合には，地殻変動・地震活動がほとんど終息した1982年3月に一連の活動が終わったとし，また，普賢岳の場合は，1995年5月「観測データからマグマの供給と噴火活動は，ほぼ停止状態にあると思われる」という終息宣言が火山噴火予知連絡会から統一見解として発表された．両火山とも噴火開始以来ほぼ5年の歳月が経っている．まだ危険だというのは簡単だが，「もう大丈夫です．噴火活動は終わりました」と自信をもって発表するには明確な観測データと洞察力，経験と勇気が必要だ．

Coffee Break

　ハワイ大学の教授でハワイの火山の研究で有名な Gordon A. Macdonald（故人）は火山防災に関する国連出版物の中で次のように述べている．
「火山学者は二役をこなさなければならない．彼は科学者であると同時にヒューマニストでなければならない．科学的側面からいえば，彼はデータを集め，分析し，そのデータの意味するところを解釈し，いつ，どのようなタイプの噴火が起きて，どの範囲が災害を受けるかを予知する努力をするべきだ．噴火予知は純粋の科学と考えられるが，それにはデータの正確度とその解釈，および噴火のメカニズムの十分な理解がある程度充足されていることが必要条件だ．一方，明らかなように予知の成功は財産や人命を救うという実際面がある．火山学者は，彼の科学者としての評価に傷つく危険がある場合でも，予知に関する情報を公開すべきだ．そして，発表した予知の根拠を十分に説明する必要がある．さらに，情報は一般人にわかりやすい言葉で説明すべきである．特殊の用語やむずかしい言い回しは避けるべきである．……火山学者の責任にはある限度があり，このことは一般に理解されるべきである．」

6. 最近の噴火の事例

1983年10月3日，三宅島噴火時に阿古集落の中学校が溶岩流に囲まれ，校舎の内部にまで溶岩が侵入して教室が完全に焼失した．

6.1 1983年三宅島の噴火

三宅島は東京南南西約 180 km にある活動的な玄武岩質火山である.宮崎 務(1984)は過去 13 回の噴火の発生間隔を統計的に調査して,噴火間隔は基本周期を 22 年とすると,その整数倍(3 を超えない)であるとした.特に最近では,1940 年,1962 年,1983 年とほぼ基本周期で噴火が発生している.1962 年の噴火終息後から地震活動が特に活発になり,噴火の再開が危惧されたため,学童の島外疎開があった.水上 武らの地震観測によれば,これらの地震はマグマの逆流に伴うものであることが判明して噴火の再開はなかった.

1962 年の噴火後,もし基本周期が持続しているならば,1982 年～1984 年は噴火の確率が高くなる時期であった.はたして 1983 年 10 月 3 日 13 時 59 分ごろから,島の北東にある測候所の地震計が地震を記録しはじめた.当時は噴火予知のための監視は,この 1 台の地震計だけであった.その 1 時間半後には,図 6.1 に示すように村営牧場付近から噴火が始まり,流出する溶岩によって阿

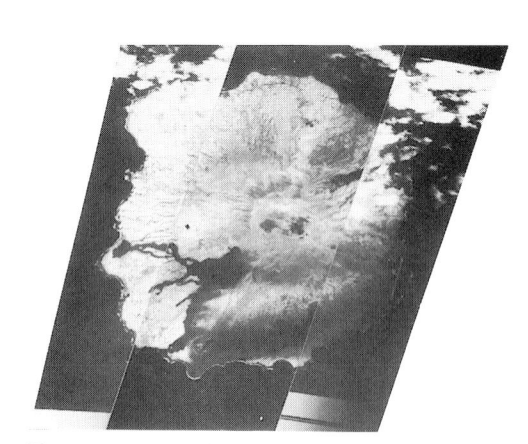

図 6.1 1983 年三宅島噴火による噴出物の MSS 画像(可視バンド 0.7～0.8 μm)(中日本航空による).南西部の黒い数本の帯は溶岩流.噴火口と南部新鼻付近から薄黒く東方に伸びている帯は噴出した火砕物の分布.撮影時刻は 1983 年 10 月 7 日 09:58～10:18.

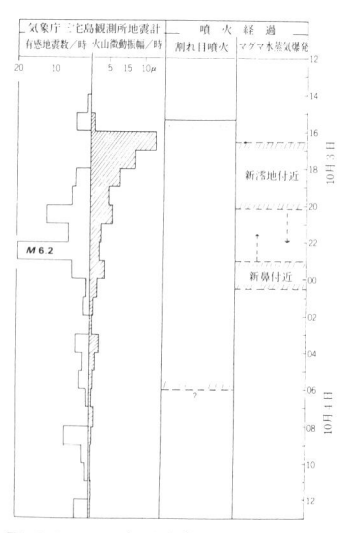

図 6.2 1983 年三宅島噴火時の有感地震回数,微動振幅,噴火経過の時系列(下鶴,1985)

6.1　1983年三宅島の噴火

古集落の大半が溶岩に埋もれた．さらに，南部海岸の新澪池と新鼻では，マグマ水蒸気爆発が起こった．割れ目噴火による溶岩流出は図6.2に示すように約15時間続いた後，翌10月4日の朝6時ごろにはほとんど終息した．

噴火後期には，島の南海域でマグニチュード6.2の地震が起こったが，噴火活動には変化がなかった．古文書の記録も含めて，三宅島の噴火前駆地震の先行期間は表6.1に示すようにきわめて短いのが特徴で，防災上特に注意しなければならない．もし，噴火の基本周期が持続するならば，21世紀初頭には噴火の確率が高くなる．そこで，東京大学地震研究所，気象庁，東京都などが島内に地震，地殻変動，地磁気などの変化をモニターする観測網を整備して異常を早期に検知する体制を整えている．次回の噴火の予知には成功するだろうが油断大敵である．1983年の噴火の前年の11月16，17日には昭和天皇と皇后が三宅島を訪問された．そのために，新澪池の縁にコンクリート製

表 6.1　歴史時代の三宅島噴火前の地震の先行期間（宮崎, 1984 を簡略化）

噴火年	前駆地震・鳴動
1643（寛永20）年	約2時間
1712（正徳元）年	1〜2時間
1811（文化8）年	あった
1835（天保6）年	あった
1874（明治7）年	6〜7時間
1940（昭和15）年	3.5時間
1962（昭和37）年	2時間弱（地震計）
1983（昭和58）年	約1時間20分（地震計）

図 6.3　1983年10月3日三宅島噴火の際，新澪池マグマ水蒸気爆発による巨大な岩塊の直撃を受けて破壊されたトイレ

のトイレが新設してあった．そのトイレはマグマ水蒸気爆発で図 6.3 のように岩塊の直撃で無残な姿になってしまった．両陛下のご訪問が噴火 11 カ月前ということは，火山にとっては時間差がないに等しいのである．

6.2　1986 年伊豆大島の噴火

　伊豆大島はフィリピン海プレートが太平洋プレートとの相対運動の結果，本州島弧に衝突するフィリピン海プレートの北端に位置しており，わが国で最も噴火活動が活発な玄武岩質火山であるとともに地学的意味から，その活動は重要な火山島だ．東京から近いということもあって，明治時代から調査が行われていた．中央気象台（現在の気象庁）大島測候所が創設されたのは 1938（昭和 13）年 10 月 1 日で，翌年には三原山観測所が外輪山の上に作られ観測業務を開始した．気象庁としての本格的な火山観測業務は 1956（昭和 31）年から始まった．一方，火山学的研究は，1908（明治 41）年の中村清二によって始まり，その後，坪井誠太郎，津屋弘逵らの岩石的研究が進められ，中村一明の火山層序学的研究で大島の活動史が明らかにされた．さらに，地球物理的研究では，高橋龍太郎，永田　武による地震観測が 1936（昭和 11）年に始まったのが最初で，その後，1950（昭和 25）年から始まった噴火活動では，主として東京大学地震研究所によって精力的な観測・研究が行われた．噴火後，大島の火山研究を進めるべきであるとして，野増に地磁気観測所，泉津に津波観測所が設置されていた．前記のように大島の活動は周辺のテクトニクスを反映する場との考えから，伊豆諸島をも視野に入れた総合的な観測所設置の気運が生まれ，地磁気観測所・津波観測所を拡充改組して，1985（昭和 60）年に元町黒ママに東京大学地震研究所附属伊豆大島火山観測所の新設となった．助教授・助手・技官の常駐によって観測網の整備が着々と進められていた．この観測所の新設は 1986（昭和 61）年の噴火に際して観測拠点として重要な役割を果たすことになる．

　1974（昭和 49）年 2 月末に三原山火口内で小規模のストロンボリ式噴火があり，6 月中旬まで続き，火口底がかなり上昇した．このときは，国立大学による集中観測が行われ，その後火口内部の表面温度は確実に低下していった．

しかし，1975年からは大島近海の地震活動が活発になり，特に1983（昭和58）年12月には大島測候所で震度IVの地震が2回もあった．周辺の地殻活動が活発になってきた．以前から地道な観測を続けていた地磁気の値が1983年ごろから減少しはじめていた．これは地下の温度の上昇を意味しており，マグマの蓄積が進行していることを物語っていた．このような状態が続いた後，1986年7月から間欠的な微動が三原山直下で起こりはじめたのであった．それと同時に三原山直下の見かけ電気比抵抗が急激に低下しはじめた（p. 41の図参照）．この二つの現象はマグマの上昇を意味していることは明らかであった．地震研究所を初めとして関係機関は噴火を懸念して地震，地磁気，地殻変動などの観測を強化していった．火山噴火予知連絡会は，臨時の幹事会を8月15日，9月24日に開いてデータを検討して火山活動が上向きであるとの共通認識を持って観測をさらに強化することにした．10月30日には定例の予知連絡会を開催した．ここでは主として大島の活動評価を行った．微動，地磁気，電気比抵抗，温度などがすべて噴火近しのデータを示していた．しかし，繰り返し水準測量の結果は外輪山に対して三原山が沈降を示していた．同じ玄武岩質火山であるハワイのキラウエア火山では，噴火の前に山頂部が隆起を示すのが通例であった．この三原山の沈降のデータはわれわれの噴火予知に対して一つの大きな足枷になった．したがって，会長コメントとして，「大規模な噴火が切迫していることを示す兆候は認められないが，種々のデータは噴火へ移行する可能性が否定されたわけではない」という消極的な見解の発表に終わった．

このようななかで1986（昭和61）年11月12日には，1950年の噴火が始まった火口内中腹から水蒸気が上がりはじめたのを地元の人が見つけた．測候所も観測所も現地の調査に出かけたのはいうまでもない．同日，臨時の予知連絡会幹事会を招集して，事態の緊急性について観測・監視の強化を進めることとした．

そして15日17時25分ごろ，その場所から噴火が始まったのであった．噴火はストロンボリ式で，大島では"ご神火"が戻ったと喜び，テレビ取材陣が多数押し掛けていた．噴火の様子をテレビで見て，オヤと感じたのは，1950年の噴火に比べて勢いが強かった．19日には溶岩がカルデラ床に溢れだして，次第に爆発的になってきた．微動の振幅も大きく，これはただ事ではないとい

図 6.4

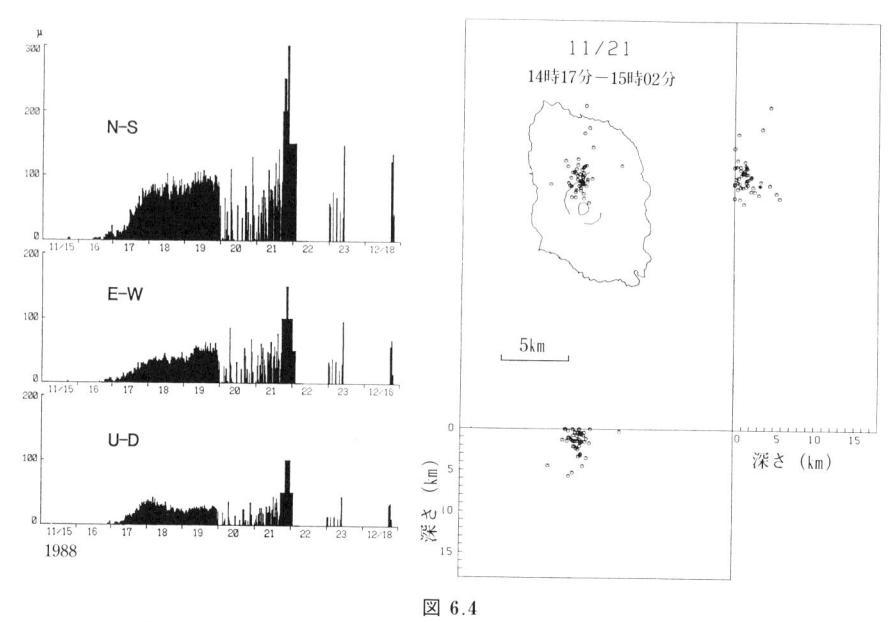

左：気象庁大島測候所の地震計に記録された火山微動振幅の時間的推移（山里ら，1988）
右：伊豆大島における東京大学地震研究所強震計ネットによって決めた割れ目噴火直前に発生した地震の震央分布（沢田ら，1988）

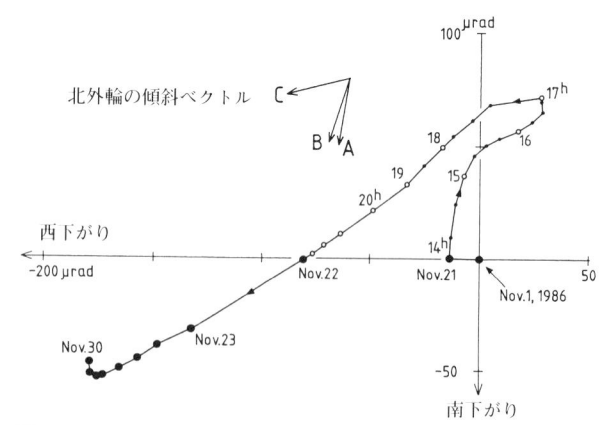

図 6.5 伊豆大島外輪温泉ホテル近くに埋設した傾斜計に記録された11月21日の割れ目噴火前後の地盤傾動（渡辺秀文未発表資料）．噴火（16時15分）前の北東への隆起（岩脈の貫入による）に続いて，噴火時には傾斜方向が逆転（開口割れ目形成）しているのが明瞭に記録された．

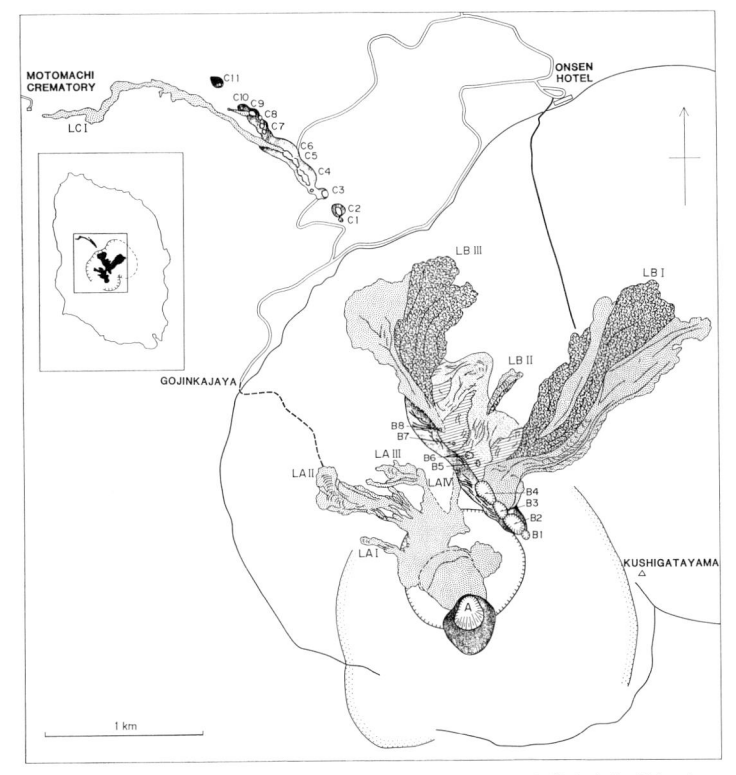

図 6.6 1986年11月15〜21日の伊豆大島噴火の火口群と溶岩流分布（坂口ら，1988）．A：三原山火口噴出点，B：カルデラ内割れ目火口列（21日16時15分噴火開始），C：カルデラ外割れ目火口列（21日17時47分噴火開始）．LA，LB，LCは溶岩流．LAは19日10時ごろ三原山火口縁から溶岩がカルデラ床に溢れだした．

う感が強まってきた．そして20日になると，図6.4に示すように微動も間欠的になった．翌21日14時過ぎから，有感地震が図6.4に示す地域に突然起きはじめ，その直後の16時15分についにカルデラ内から噴火が始まり，もの凄い溶岩噴泉を割れ目火口から噴き上げた．それに続いて17時45分から割れ目噴火がカルデラ外で発生．11個の火口のうち6番目の火口から溶岩が元町方面に流下しはじめた．有感地震と近づいてくる溶岩流の恐怖が住民の島外避難へと繋がっていったのである．これも「嵐の前の静けさ」の典型であったが，予知することができなかった．

6.3 1989年伊豆東部火山群の海底噴火

伊豆半島東部とその沖には火山が多数分布して、単成火山群と呼ばれ、陸上

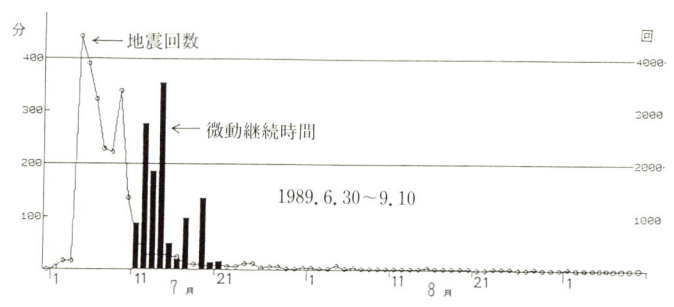

図 6.7 伊東市鎌田に設置されている気象庁地震計による地震日別回数と微動の日別継続時間（気象庁，1990）．微動は 21 日以降観測されなくなった．

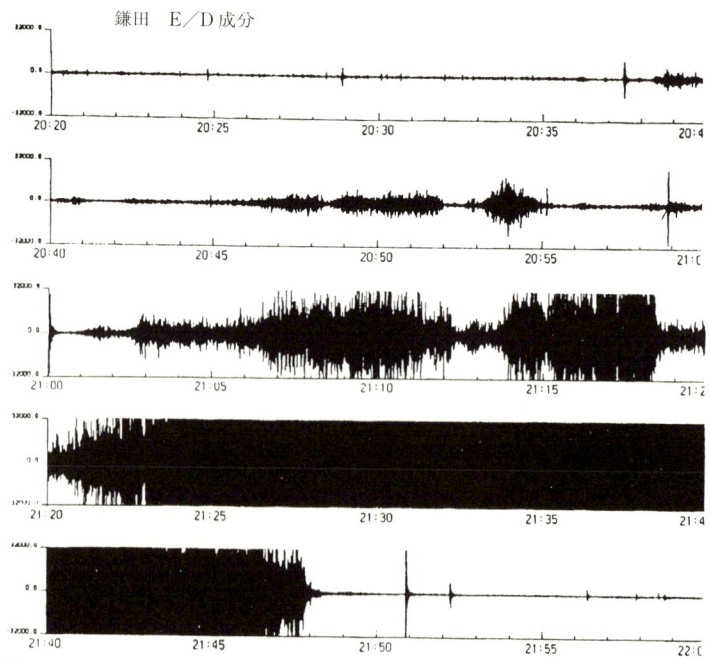

図 6.8 1989年7月11日夜の最初の微動記録（上下動成分）（気象庁，1990）．21時23分ごろから47分ごろまでは振り切れ状態となった．

の火山の最後の噴火は2500〜3000年前ということがわかっていた（図5.4参照）．したがって，噴火予知計画の視野の外にあったのである．観測・監視すべきもっと危険な火山は他にもたくさんあった．一方，地震予知計画で，この地域は南関東観測強化地域に入っていて，地震，地殻変動，地磁気などの観測が続けられていた．1978年ごろから，伊東-川奈崎沖にかけて毎年のように群発地震が発生していた．これはマグマ活動によるものだというコンセンサスが学界を支配していた．1930年にも今回と同じような場所で，より強い群発地震が起きており，噴火は起こらず北伊豆烈震に至ったのであった．これら一連の群発地震活動と伊東付近を中心とした顕著な地盤隆起が観測されており，これらのデータは噴火予知連絡会にも報告されていた．しかし，1989年6月の群発地震発生までは，火山学者の間には特に緊迫した状況は見当たらなかっ

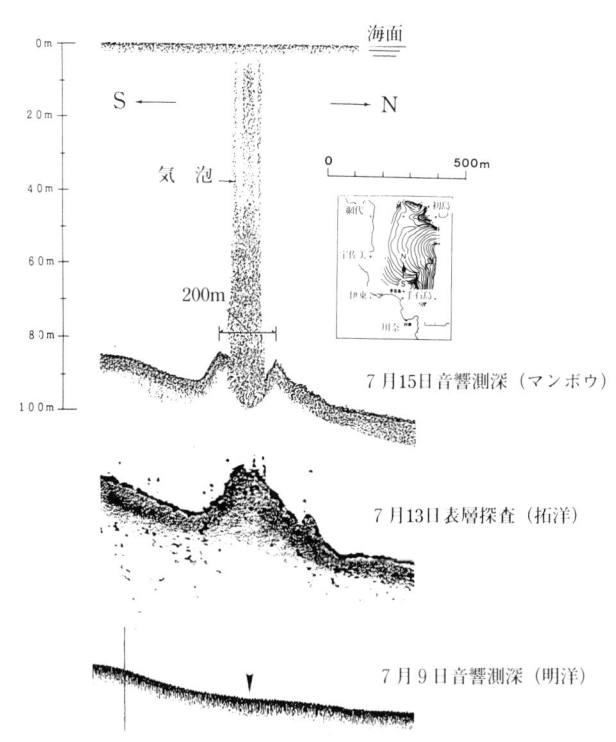

図 6.9 海上保安庁水路部の測量船による伊東沖海底噴火前後の海底地形変化と手石海丘生成（海上保安庁，1990）

た．群発地震が年中行事のように起こっており，マグマ噴出までには至らないだろうという予測が支配していたと思う．

1989年6月30日から例によって群発地震が始まった．7月9日にはマグニチュード5.5の地震が発生して，伊東漁業無線局では震度Vを記録した．地震活動はその後急速に衰退していったが，11日20時半ごろから強い有感微動が観測される事態になった．微動というのは，火山で起こる振動現象で，マグマやガスの流体運動，地下水の沸騰などが原因で観測される波形で，地震とは区別される火山特有の現象であり，微動が観測されるとマグマ活動の活発化を考えて火山観測に従事している者は一様に緊張するのである．

海上保安庁水路部は，7月9日のマグニチュード5.5の地震に関連して，測量船「明洋」が震源域の海底地形調査を行っていた．この地震は11時09分に起こって，明洋が震源域を測定したのが14時13分であったが，海底には異変は発見されなかった．続いて測量船「拓洋」が13日に再び海底地形測量に赴いた．18時29分から3回目の大きな微動があり，同33分伊東市沖で海底噴火が発生した．拓洋は18時28分直径約200mの海丘ができているのを測量で観測した直後33分に噴火したのであった．危機一髪の測量であったが，誠に貴重な資料が得られた．海上保安庁は生成した海丘を「手石海丘」と命名した．今回，微動といわれた振動は，強震計の記録と拓洋が船上で記録した音とを突き合わせると見事に一致していた．つまり連続して発生した震動ではなく，海底からマグマとガスが間欠的に噴出するときに発生する震動であった．

6.4　1990～1995年雲仙普賢岳の噴火

長崎県島原半島の中央部にある活火山で火山名としては雲仙岳だが，雲仙岳という火山名のついているピークはない．九千部岳，国見岳，普賢岳，絹笠山，野岳，眉山などの集合を雲仙岳という．その中の普賢岳が1990年から噴火して火砕流により43名の犠牲者が出たのであった．有史時代の噴火は，1663（寛政3）年にカルデラの北東から安山岩溶岩（古焼溶岩）が流出し，さらに1792（寛政4）年には普賢岳で鳴動，地獄跡火口から噴気，穴迫谷からデイサイト質溶岩流（新焼溶岩）が出た．さらに悲劇的なことは，最初の噴火か

図 6.10 東方の有明海上空より見た普賢岳,水無川,眉山と火砕流堆積物 (1996年3月2日撮影)(長崎県, 1998). 導流堤が建設されている.

ら4カ月後に半島東部の強震によって城下町島原の背後にそびえる眉山が大崩壊して,岩屑なだれは有明海に入って津波を起こし,対岸の肥後の国に甚大な被害をもたらした.これが島原大変肥後迷惑といわれた事件である.島原,肥後地方あわせて約15000人の犠牲者が出たわが国最大の火山災害であった.この眉山崩壊は,その後,火山活動か,単なる山崩れかで学者の論争があった.実際に眉山を構成している岩石は手で握りつぶせるほど風化が進んでおり,強震による崩壊は十分ありうる.この悲劇は現在までも語り継がれ,今回の噴火に際して,また,悲劇を繰り返すのではないかと最も恐れられていた.

島原半島西に食い込んでいる千々岩湾(橘湾)ではよく地震が起きていた.重力測定などからもカルデラ説が有望視されていた.特に1922(大正11)年12月にはマグニチュード6.9と6.5がたて続けに起こり(島原地震)死者26名の被害があった.1984(昭和59)年8月6〜7日にかけては最大マグニチュード5.7を含む有感地震が297回記録されている.この群発地震は同年11月初旬まで続いた.この地震活動は特記すべきもので,今回の噴火の先兵だったのかもしれない.

さて,1989年11月21日から24日にかけて再び橘湾を中心に群発地震が起

きた．これに続いて1990（平成2）年7月初めから微動が観測されてきた．各大学が機器類の準備をして観測網の展開に取りかかる寸前の17日未明普賢岳山頂火口から約200年ぶりの噴火が始まったのである．この噴火は水蒸気爆発で，白色，灰白色の噴煙を高さ数百mまであげたが，直前の前兆は特になかった．

初期の水蒸気爆発がどのように展開していくのかの判断はむずかしかった．微動も11月下旬から記録されなくなった．12月12日には2回目の予知連絡会拡大幹事会を開いて「短期的には低下の傾向があるが地下の活動は依然続いており，消長を繰り返すこともあるので注意が必要である」との会長コメントを出した．このような状況のなか，大学と関係機関による地震，地殻変動，地磁気，地電流，火山ガス，重力などの観測体制ができ上がってきた．不思議なことに，噴火が始まった普賢岳の直下の浅い所には地震が起きていなかった．

地磁気や地殻変動のデータは確実にマグマ活動の活発化をじわじわと示してきていた．1991年5月12日ごろから，九州大学の地震計に火口直下の浅い地

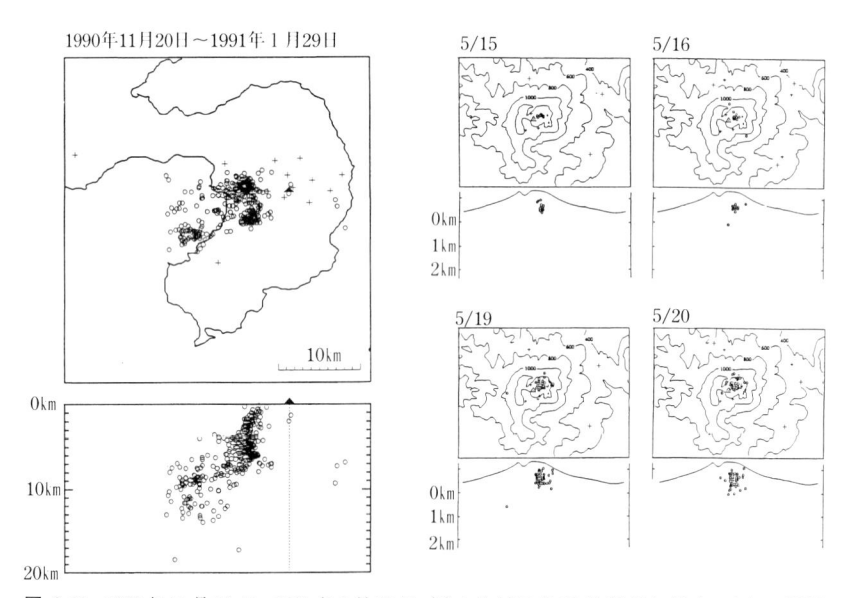

図 6.11　1990年11月20日～1991年1月29日（噴火は1990年11月17日に始まった）の震源分布（左）と，1991年5月中旬から始まった普賢岳直下の浅い地震の震源（右）（九州大学島原地震火山観測所による）

震が記録されはじめた.溶岩出現の危険が迫ってきたとして,5月17日臨時拡大幹事会を開いて「マグマが浅いところまで上昇していると推定され,溶岩流出などを含め今後の火山活動に警戒が必要」旨の会長コメントを発表した.日時こそ言及できなかったが,溶岩噴出を予知した成功例であったと自負している.そして,3日後の5月20日に地獄跡火口に溶岩ドームの出現が上空から確認された.このコメントの中で「溶岩流出」としたのは,歴史時代の古焼溶岩,新焼溶岩が頭のなかにあったからで,「溶岩噴出」という言葉を使っておけばよかったとあとで思ったことである.

溶岩ドームは割れながら成長を続けた.火口の東縁に近く噴出したので,力学的に不安定となり,ついに24日に不安定部分の溶岩(斜面の傾斜に沿って垂れ下がる形をローブという)の崩壊によって,最初のいわゆる火砕流が発生して現場で工事中の深江町の作業員が火傷を負う事故が発生した.

水無川に沿って火砕流堆積物は降雨によって土石流を発生させるようになった.このため,島原市長・深江町長は1991年5月15日に水無川上流の住民675名に最初の避難勧告を出した.勧告区域はその後も拡大していった.マグマの供給は依然として続いており,6月3日,規模の大きい火砕流によって取材中の報道陣,消防団など44名の尊い命が奪われた(口絵2).この中には,フランスの火山学者クラフト夫妻と米国のグリッケンが含まれていた.火砕流の恐ろしさを熟知していた専門家が,ついに火砕流で命を奪われたことは世界に衝撃を与えた事件であった.これに先だって,島原市は警戒区域設定にあたって,砂防地すべり技術センターにハザードマップ作成の依頼をしており,マップが現地に

図 **6.12** 1991年5月20日午後4時30分に毎日新聞西部本社の石津務カメラマン(6月3日の火砕流で死去)によって撮影された普賢岳地獄跡火口に出現したデイサイト溶岩(毎日新聞社提供)

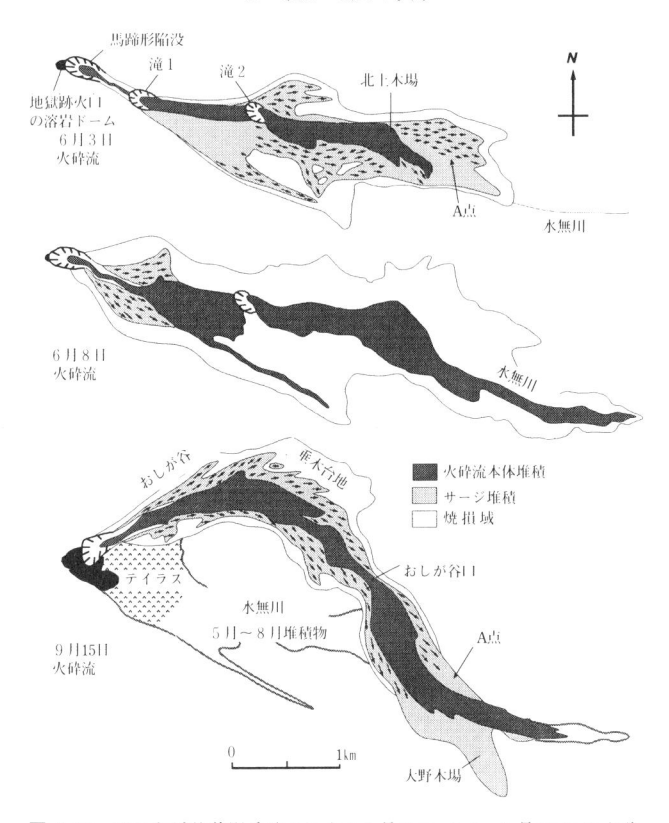

図 6.13 1991年雲仙普賢岳噴火による6月3日，8日，9月15日の火砕流堆積分布（Nakadaら，1993）．6月3日に犠牲者を出した地点をAで示してある．原図の英文は筆者が日本語に置き換えた．

届いて市役所に持ち込まれたのが前記の災害の日であった．この大惨事発生直後，自衛隊災害派遣があり，九州大学観測所にも24時間体制で常駐し，地震計の記録から火砕流，土石流の発生を現場に通報したり，ハイテクの機器で火砕流の観測をしたり，研究者のヘリコプター利用の援助をしたりと，観測を側面から支えたことも忘れられない．

 1992年（平成4）年に入るとマグマの供給率が次第に低下して年末には火砕流の発生頻度も極端に減ってきた．地元にはやや安堵の色が見えはじめてきた．このことにより，避難勧告区域や危険区域が縮小され，火砕流などに対す

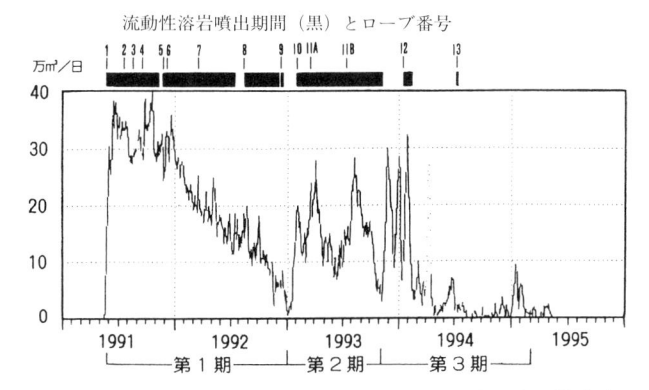

流動性溶岩噴出期間（黒）とローブ番号

図 6.14 長周期傾斜振動データから推定したマグマ供給量の推移（山科, 1996）と溶岸ローブ番号（太田, 1998）

るガードが甘くなるのを恐れて 12 月 16 日に「…このまま低下すれば，近い将来噴出が止まる可能性も考えられるが，火山内部の状態を示す地震や地磁気のデータは依然としてマグマの貫入が続いていることを示しており，また，消長を繰り返す火山活動の一般的な特徴を考慮すると，このまま火山活動が終息に向かうかどうかは現時点では判断しがたく，今後さらに観測・監視を続ける必要がある」という会長コメントを発表した．案の定，図 6.14 に示すように年が改まって間もなく噴火活動が再開したのであった．市民が恐れていた眉山の崩壊の可能性を考慮して，島原市は避難訓練を実施していた．地質調査所による繰り返し測量では，眉山に変化はなく，島原市は眉山によって今度は守られたことになった．

普賢岳の 200 年ぶりの噴火活動は 1994 年末まで続いた．

── *Coffee Break* ──

　カリブ海に浮かぶフランス領マルティニク島にモンプレという火山がある．この火山の麓にはサンピエールという人口 3 万人の港町があって，砂糖とラムの輸出港として繁栄していた．サンピエールはカリブ海で最も活気のある港の一つとして知られていた．ラフカディオ・ハーンは 19 世紀後半の 2 年間，この街に滞在して「最も古風でしかも美しいところ．建物はすべて石造りで…」と描いている．1792 年，1851 年に小規模の噴火があったが，大したことはなかった．人々は目の前の火山の噴火は忘れていた．ところが，1902 年 2 月になって，サンピ

エール市内に硫黄の臭いがただよってきた．4月2日には，山上の噴気孔から水蒸気が発生しているのが見えた．月末になると，地震も起こり巨大な噴煙が上がってきた．地元の新聞は，火山活動についてほんのわずかの報道をしただけだった．その理由は，選挙が5月11日に迫っており，保守派の新聞は有権者が市内にとどまって投票することを望んでいたからである．5月に入って噴火の勢いはますます激しくなり，5月5日には火口の湖が決壊して大規模な土石流となって，通り道の砂糖工場で働いていた人々を飲み込んでしまった．その前にはアリ，ムカデ，ヘビが大量に市内に侵入していた．この土石流が発生した日にマルティニク島総督は火山の危険性を判定するための委員会を作ったが，その報告は「サンピエールからの脱出の根拠となるようなものはない」というものであった．さらに，5月7日の午後，144 km離れたセントビンセント島のスーフリエール火山が大爆発したというニュースがサンピエール市に届いた．市民はこれで地下の圧力が解放されるのではないかと信じてしまったのである．地元新聞は相変わらず5月11日の選挙の記事を一面トップで流していた．そして運命の日，5月8日に大火砕流が2分も経たないうちにサンピエール市街を一挙に壊滅したのであった．28000人の市民のうち，2名だけが生き残ったという．それは地下牢の囚人と，もう一人は若い靴屋だった．この二人の生存者の証言は興味深い．衣服は燃えていないのに火傷を負ったというものだった．モンプレ火山の悲劇は二つの大きな意味を持っている．一つは選挙に心を奪われた市当局の対応であって，人災といわざるをえない．二つ目は，フランスの著名な火山学者ラクロアは，噴火後の，6月末に島を訪れて調査をして，8月30日にモンプレ火山が再度噴火して2000人の犠牲者が出たということで，再び現地に戻り，1903年3月まで滞在して噴火現象と被害の状況を詳しく調査して，市街を襲った高速の煙を nuée ardente と命名した．これは熱雲と訳されていたが，後に pyroclastic flow（火砕流）という言葉が一般的になった．

6.5 1983〜1985年ラバウルカルデラの危機

パプアニューギニア国（PNG）のラバウル火山は図6.15に示すようにニューブリテン島の北東端にあるカルデラ火山で，現在のカルデラ地形は約1400年前にできた．カルデラは南北14 km，東西9 kmで外洋（東）に向かって口が開いている．カルデラ形成後，図6.16に示すようにカルデラ内に少なくとも6個の後カルデラ火山が形成された．

6.5 1983〜1985年ラバウルカルデラの危機

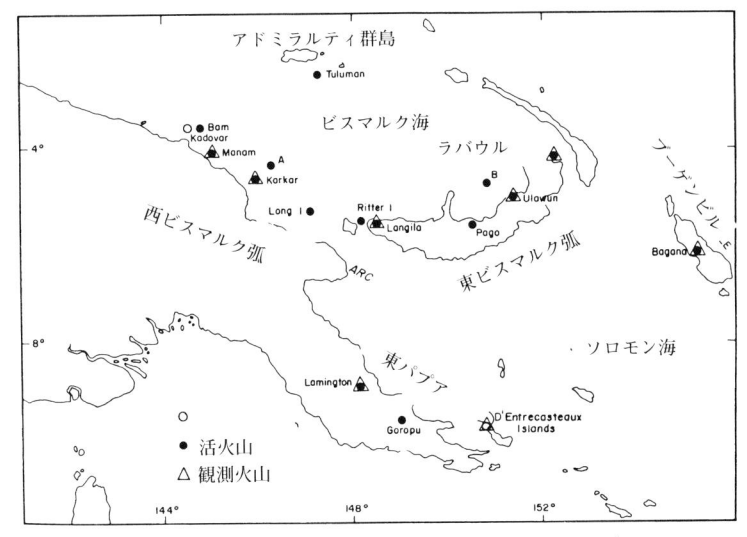

図 6.15 パプアニューギニアの火山分布（Moriら，1996）

　歴史時代の最初の噴火は1767年に目撃されている．噴火場所は不明だが，多分タヴルヴル火山であったろうと考えられている．次の噴火は1791年に再びタヴルヴル，1850年ごろ，ラバウル港東端のサルファークリークで噴火が起きた．これはマグマ水蒸気爆発で多数の死者が出た．1878年の噴火も目撃され，カルデラ南西端で海底噴火が始まり，現在のヴルカン島が誕生した．タヴルヴルも噴火して膨大な量の軽石が外洋に流出していった．さらに，1937年5月末には，強い地震群のあと，ヴルカンの海底隆起は目でわかるほどの早さで始まり，海面上2mに達したときに突然噴火が始まっ

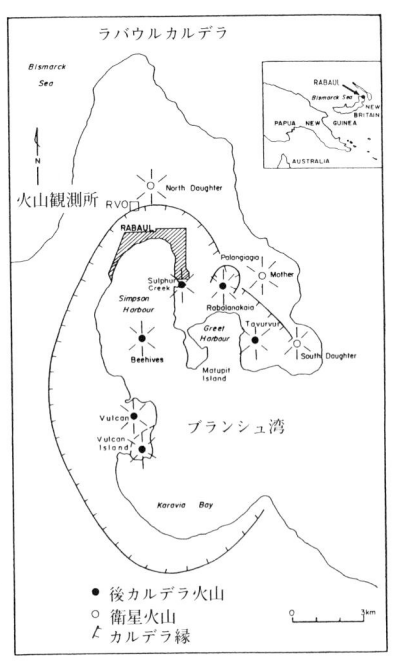

図 6.16 ラバウルカルデラ内外の火山（Moriら，1989）

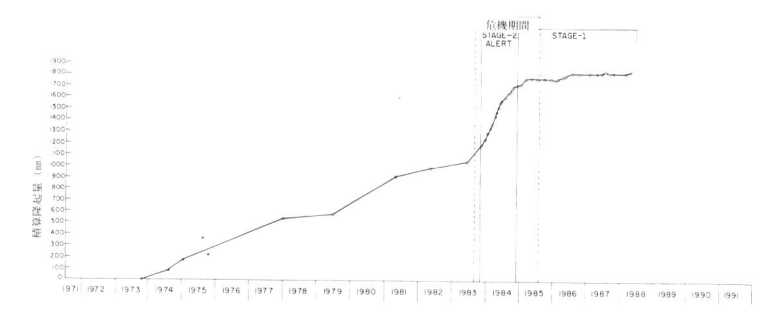

図 6.17 1973年10月～1988年6月の期間のマチュピット灯台の積算隆起量 (Lowenstein, 1988)

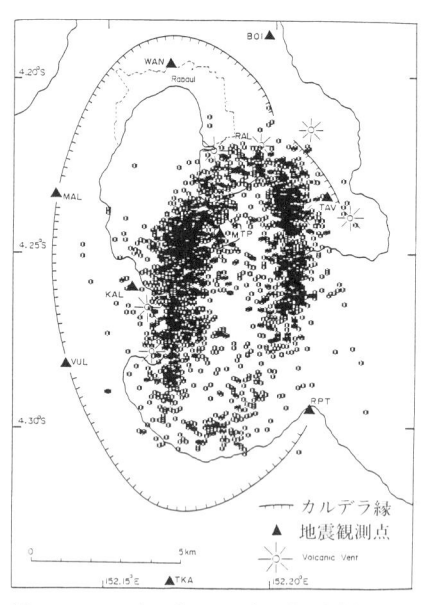

図 6.18 1983年9月～1985年7月の期間のラバウルカルデラの震央分布 (Moriら, 1989)

た．この噴火では火砕流と火山灰による窒息で504名の死者がでた．翌日，タヴルヴルが噴火したがヴルカンの噴火よりも規模は小さかった．この噴火を契機として，オーストラリア政府はラバウルに火山観測所を設けて火山学者フィッシャーほか2名で1940年6月から地震観測を始めた．これが現在のラバウル火山観測所の前身である．1940年から1943年後半までタヴルヴルの噴火活動が続いていた．1942年1月には日本軍が占領して南方進出への基地となった．日本軍の司令官はタヴルヴルの噴火による火山灰が海軍の行動に影響を与えることを心配して，時の中央気象台に地震の専門家の派遣を依頼した．中央気象台の木沢技師が1942年5月にラバウルに着任して，地下壕にウィーヘルト地震計と微動計を設置して地震観測を行っていた．このときの微動計は現在もラバウル火山観測所で動いている．1950年オース

6.5 1983〜1985年ラバウルカルデラの危機

トラリア政府によって火山観測所がラバウルの街を見下ろすカルデラ縁に再建されて現在に至っている．1975年オーストラリアから独立してPNGという独立国になった．それ以後も観測所の観測体制は主としてオーストラリア政府の物的・人的援助とによって拡充されていった．

さて，前置きはこのくらいにして1983年から始まったクライシス(危機)について述べよう．ブランシュ湾に突き出ているマチュピット島が1974年ごろから隆起傾向にあり，図6.17に示すように1984年には1mを越えるほどに

図 6.19
上：RVOからのカルデラ風景．左奥にタヴルヴル，右にヴルカン．
下：1994年噴火前のタヴルヴル．

なり，地震活動も次第に活発になってきた．1983年9月から1985年7月までの2500個強の震源分布を図6.18に示してある．

このような状況下で，1983年10月29日にStage 2の警報（8章参照）が発令された．これは数週間～数カ月後に噴火する可能性があるというものであった．筆者はPNG政府の要請によって，1984年3月に現地に赴いた．ラバウル火山観測所（RVO）で地震記録からマグニチュードを決めたり，地震の粒の大きさの時系列を調べたり，震源の深さの変化を調べたりしていた．ある日の夕方，RVOのローエンスタイン所長からコーヒーでも飲まないかと観測所横の所長官舎に誘われた．そのときの会話の記憶をたどってみると，L「噴火の可能性についてどう思うか．ほんとのところを話してくれ」．S「マグマの貫入に間違いない．地震の震源がカルデラ縁に沿ってリング状に分布していて局所に集中していない．いまのところ震源の深さが平均2kmで変化していない．b値が少しずつ低下しているのは，応力レベルが増加していると思われる．しかし，現段階では噴火の確率は50％だと判断する．しいていうならば噴火は起こらないほうに心は傾いている」というものだった．さらに，注意しなければならないのは，Stage 2から，Stage 3を飛ばしてStage 4に突入することもありうるとも伝えた．それまで，噴火の確率は70％だったのが，その直後から50％に訂正された．RVOでは温度観測の機器が不足しているということで，出発前に放射温度計と海底に沈めるデータロガー温度計を持参していたので，RVO職員とともに湾内で測定してJICAからの寄贈として残してきた．その後，無線地震計が足りないということで，さらにJICAから3セット寄贈してある．地殻変動・地震活動のクライシスは1985年に一応収まったが，10年後の1994年にはヴルカンとタヴルヴルの両火山が噴火して，ラバウルの市街は火山灰によって壊滅状態になった．

6.6 2000年有珠山の噴火

有珠山は北海道南西部の洞爺湖の南湖畔に接して，南西部は内浦湾（噴火湾）に面している．直径約10kmの洞爺湖は約13万年前に形成したカルデラ湖である．外輪山は玄武岩～安山岩の成層火山で，外輪山内には表6.2に示す

6.6 2000年有珠山の噴火

表 6.2 有珠山の噴火史（横山泉・勝井義雄・大場与志男・江原幸男：有珠山—火山地質・噴火史・活動の現状および防災対策，北海道防災会議，1973 を簡略化と追加）

噴火年	前兆地震継続時間	噴火地点	生じた山体	災害・その他
1663	3日	山頂	小有珠溶岩円頂丘	多量の火砕物降下で家屋埋積・焼失，死者5名
1769	?*	山頂	?	火砕流で東北麓の家屋火災
1822	3日	山頂	オガリ山潜在円頂丘	火砕流で南西麓の1村全焼，死者50名，負傷者53名
1853	10日	山頂	大有珠溶岩円頂丘	住民避難，赤く光る円頂丘出現
1910	6日	北麓	明治新山潜在円頂丘	火砕物降下で山林・耕地に被害，泥流で死者1名
1943-45	6カ月	東麓	昭和新山溶岩円頂丘	火砕物降下・地殻変動で災害，幼児1名窒息死
1977-78	約32時間	山頂	有珠新山潜在円頂丘	火砕物降下・地殻変動・泥流で市街地・耕地・山林などに被害，泥流で犠牲者3名
2000	4日16時間	北西山麓		地殻変動，火砕物降下

＊前兆地震の記録はあるが，継続時間不明．
1977年開始の活動では地震・地殻変動が1982年3月まで続いた．

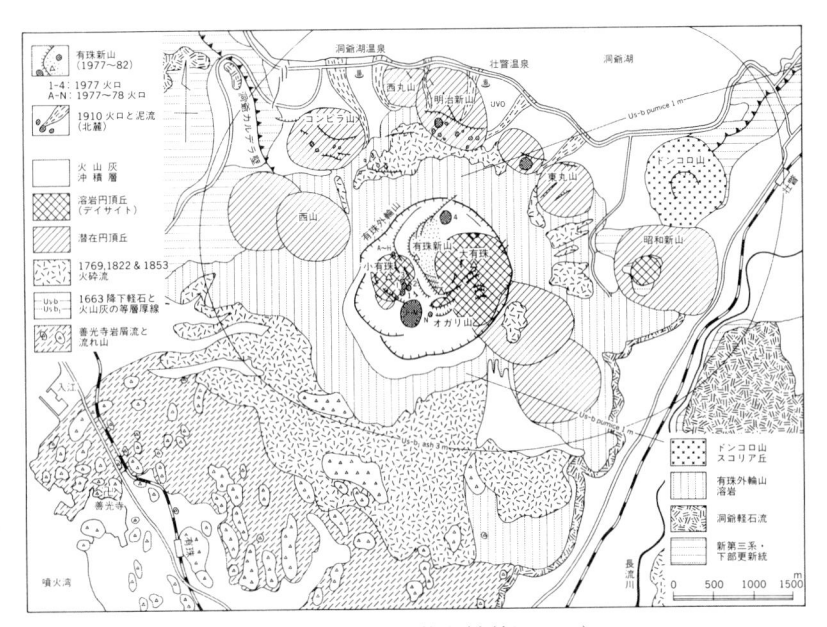

図 6.20 有珠山の地質図（内村ら，1988）

ように歴史時代に生成した小有珠，オガリ山，大有珠などの溶岩円頂丘があり，外輪山の東麓には現在でも高温の噴気を出している昭和新山がある．また，図 6.20 に示すように，外輪山と洞爺湖との間には多数の潜在円頂丘が北西-南東線上に 2 列に並んでいるように見えるという．これらの円頂丘はすべて粘性の高いデイサイト質マグマの噴出によって形成された．また，南麓には約 7000 年前の山頂の大規模な水蒸気爆発によって生じた岩屑なだれが多数の流れ山を作っている．有珠山噴火の特徴は，粘性の高いデイサイト質マグマの貫入によって，噴火前の 3～10 日前から有感地震が頻発し，さらに水蒸気爆発，軽石噴火が発生して火砕流，火砕サージを伴い，広範囲な地殻変動が起こるきわめて危険な噴火である．それにもかかわらず，観光地として火山に近接してホテルや集落が密集しているのである．

溶岩円頂丘や潜在円頂丘はすでに固結したマグマが地下に楔状に存在するために，次に噴出するであろうマグマは，これらの障害物を避けて上昇噴出することになる．有珠山の噴火活動に際して初めて地震観測が行われたのは 1910（明治 43）年の噴火で大森房吉によるもので，さらに，1943（昭和 18）年の昭和新山形成に際しては戦時中のことで厳しい報道管制のなか，水上 武により震源の移動とドーム形成までの過程が明らかにされた．その後の噴火は 1977（昭和 52）年の外輪山内部で発生した．このときは北海道大学の火山観測所設立が測地学審議会の建議によって決まり観測所新設中であり，また，各大学も参加した総合観測班によって貴重な学問的成果があがった．実質的な噴火は約 1 年程度で終わったが，地震と地殻変動は約 4 年 7 カ月続いた．この後，火山噴火予知連絡会として，火山活動の終息宣言を出した初めてのケースであった．

さて，2000（平成 12）年 3 月 31 日の噴火の話に移ろう．この噴火でも例外なく，まず有感を含む前兆地震が 3 月 27 日夜半から始まった．この火山のクセとして噴火は間近いと考えられた．地震活動は日増しに活発になった．この状態を踏まえて，緊急に開かれた火山噴火予知連絡会拡大幹事会は以下の見解を発表して，これが室蘭地方気象台から「緊急火山情報第 1 号」として 3 月 29 日 11 時 10 分に次のような発表になった．

「有珠山の地震活動が急速に活発化している．昨日 28 日，横這い状態であっ

た地震回数は,本日29日に入り時間を追って増加している.現地有感と思われる振幅の大きな地震も昨日は1時間数回であったが,本日に入り1時間に15回程度に増加している.これまでに発生した地震の最大は,29日9時42分のマグニチュード3.5(暫定)であった.低周波地震も増加傾向にあり29日7時台には7回発生するなど,28日16時ごろから29日10時までに23回発生している.地震は,引き続き北西山腹を中心に発生している.以上のことから,今後数日以内に噴火が発生する可能性が高くなっており,火山活動に対する警戒を強める必要がある.」

噴火が発生する前に緊急火山情報が出たのは初めてのことで,数日以内の噴火の可能性を指摘したのは,1991年5月17日に火山噴火予知連絡会会長コメントとして雲仙普賢岳の溶岩噴出の可能性を発表して(3日後の20日に地獄跡火口に溶岩が顔を出した)以来のことであった.緊急火山情報の発表はその後,第2号(3月30日),第3号(3月31日)と続き,3月31日13時10分ごろに最初の噴火が発生した直後に火山観測情報第28号を14時20分に発表している.緊急火山情報第1号の文言で重要なのは,「地震が北西山麓を中心に発生している」ことと,「数日以内に噴火が発生する可能性」である.この発表はタイムリーであった.これによって,住民避難など行政の防災対策の焦

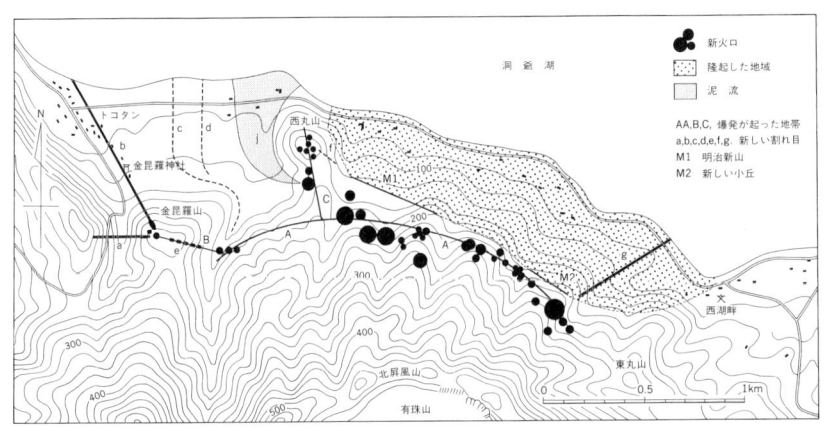

図 6.21 1910年の噴火によって生じた45個の火口の列と隆起地域の図(Omori, 1911~1913)に明治新山(M1,155m隆起)と新しい小丘(M2,75m隆起)を追加記載した図(門村ら,1988)

点が明確になったわけだ．

　3月27日ごろから起こりはじめた有感地震は，次第に頻度を増し，3月31日13時10分ごろに遂に有珠山北西側の金比羅山の西側山腹から噴火が始まったのである（口絵5,6）．多数の断層や割れ目群を作りながら，主として金比羅山西側山麓の火口群と西山西麓の火口群から活発な水蒸気爆発を繰り返し，マグマ水蒸気爆発に移行していった．局地的な大きな地殻変動も伴っている．今回の噴火活動の発生場所は1910（明治43）年の噴火に似ている．1910年7月21日には人体に感じる地震が数回発生し，22日には西紋別では25回，23日に110回を感じている．24日には350回の地震を感じており，遂に25日午後10時に金比羅山から噴火が始まった．札幌気象台の地震計によれば，噴火前の最大地震は24日15時50分に起きて，次には噴火当日の25日16時39分に起きて22時に噴火に至っている．この噴火では図6.21に示すように，直径30～250mの火口が45個できた．火口の配列を見ると地形の等高線200mの付近に多く点在しているのがわかる．この噴火に際して大森房吉は微動計（倍率：水平動100倍，上下動50倍）による地震観測を行っている（Omori, 1911-1913）．噴火後は大粒の地震は減少していたが，7月30日から8月10日の間に539回の地震を記録している．この噴火で西丸山の東部が隆起して潜在円頂丘明治新山（四十三山）が生じた．おもな噴火後は地震活動は急速に低下していき，火山活動は10月に静穏になった．

　噴火前の地震は2000年3月27日ごろから有珠山北西山麓を中心として始まり，29～30日の最盛期を過ぎた31日13時10分ごろに至って噴火した．噴火を挟んだ期間の最大規模の地震は噴火5時間後のマグニチュード4.6であった．明治の噴火と同様に泥流も発生している．今後の活動によっては火砕サージ発生も懸念されている．1965年フィリピンのタアル火山の噴火では，ストロンボリ式噴火がマグマ水蒸気爆発に移行してブラストとともに火砕サージが発生してタアル湖に津波を起こして対岸では波高4.7mに達して死者が出ている．

　有珠山の噴火活動の今後のシナリオは，総合観測班による各種のデータによって判断することになる．避難している多数の住民にとっては辛い日々がこれからも続くと思うが，行政の協力のもと自然の猛威に堪えてほしいと願う．
（この項2000年6月20日執筆）

7. 火山災害の特徴

1993年6月26日早朝のおしが谷への雲仙普賢岳の火砕流（中田節也氏撮影）

火山災害という言葉は，広義に解釈すると，火山地帯に発生する自然現象による災害を意味する．たとえば，1984（昭和59）年9月14日の長野県西部地震（マグニチュード6.8）によって，御嶽山南斜面に大小の斜面崩壊が発生して，岩なだれが伝上川・濁川を流れ下り，死者29名を出した．これは，直接の原因が強震動によって御嶽山の表層堆積物が崩壊落下したものであって，噴火による災害ではない．火山体は一般に永年月の間に浸食などによって力学的に不安定な地形が形成され，また，火山噴出物に覆われているため，降雨・地震などの外力の影響を受けやすい．この章では，そのような外力による火山の地変は考えないこととして，狭義の火山災害として噴火による災害のみを述べることにする．

7.1　災　害　の　分　類

　災害という言葉はいろいろな意味合いで使われている．海水温度の変化や黒潮の蛇行によって漁獲量が激減するのも漁業関係者には災害だろう．また，地域紛争によって多数の難民が出るのも災害と考えている．前者は自然の営力による災害であるし，後者は人間が直接関与して生じた災害である．国際赤十字社・赤新月社連盟が毎年出版している「世界災害報告」では，自然現象に起因する災害としては，地震，干ばつ，飢饉，洪水，地すべり，暴風，火山噴火，その他の7項目に分けている．他方，自然災害以外の原因による災害として，事故・技術的事故・火事を項目として統計をとっている．自然現象による災害以外は人災といわれている．1990年からスタートした「国際防災の十年」（IDNDR，事務局は国連）は自然災害軽減を目的にした．しかし，災害の犯人を自然現象だけに押しつけるわけにはいかなかった．たとえば，洪水の原因は上流流域での森林伐採が遠因となっているからである．森林伐採は人災だ．このように考えると，自然災害と人災を明確に区別することがむずかしくなっている．人災まで考えると，問題はややこしくなるから，ここでは自然現象による災害だけを考えることにしよう．

　地球の営みの中で起こる自然現象による災害はいろいろな形態で起こる．あるものは短時間のうちに終息し，あるものは長時間持続する．また，あるもの

はきわめて局地的な災害であるのに対して，他は災害が広範囲に及ぶものもある．ここで，議論を正確に進めるために「災害 disaster」を定義しておく必要がある．一般的な自然災害として国連で最も適当な定義として決めているのは次のようなものである．

「時間・空間的に集中して起こる現象で，それにより社会や集落が重大な危険に会い人命や財産の損失を受け，社会構造が壊滅し，その社会の重要な機能の回復を妨げる．」

一方，UNESCO (1972) によれば，火山災害を次のように規定している．

「Volcanic hazards に起因して人命・財産に重大な損失を与える現象」

ここで，Volcanic hazards については次のように定義している．

「特定の地域に，ある期間に人命・財産に潜在的危険を与える複合的な火山現象の発生確率．もし，過去の十分なデータが与えられれば，確率は potential hazard とする．」

表 7.1 1971〜1995 年間の世界の地域別・種類別自然災害数の統計（世界災害報告，1997 年版，日本赤十字社監訳）

	アフリカ	南北アメリカ	アジア	ヨーロッパ	オセアニア	合計
地震	41	135	252	165	85	678
干ばつ・飢饉	296	53	88	16	16	469
洪水	184	382	653	154	135	1508
地すべり	12	90	99	21	10	232
暴風	84	454	685	228	199	1650
火山噴火	9	33	46	16	6	110
その他	205	99	189	94	6	593
合計	831	1246	2012	694	457	5240

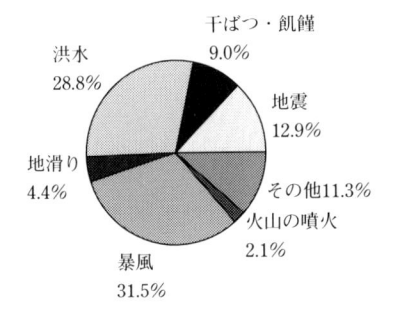

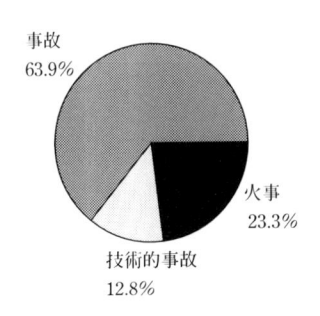

洪水 28.8%
干ばつ・飢饉 9.0%
地震 12.9%
その他 11.3%
火山の噴火 2.1%
暴風 31.5%
地滑り 4.4%

事故 63.9%
火事 23.3%
技術的事故 12.8%

自然災害の統計には，ごくおおざっぱに次のような分類も行われている．
　水文学的災害：洪水，津波，高潮
　気象学的災害：ハリケーン，サイクロン，台風，竜巻
　地球物理学的災害：地震，火山噴火
この分類では災害の実態のイメージが伝わらないので，さらに時間・空間的災害を考慮に入れて，次のように定義することもある．
① 短時間に広範囲に環境を壊滅させる（例：津波）
② 短時間に環境の一部を壊滅させる（例：火砕流，火砕サージ，岩なだれ，土石流，溶岩流，火山ガス）（サージ（surge）とは波のように押し寄せるという意味）
③ 徐々に広範囲に環境を破壊する（例：火山灰）
④ 徐々に局地的に環境を破壊する（例：土石流，泥流）
さらに，噴火によって堆積した火砕物が降雨によって土石流となって長期間続く場合や，農作物の被害による飢饉などを噴火の後遺症として二次災害ということもある．

7.2　災害の範囲は3次元

　地震による物的災害は，震源付近の構造物（建物，道路，鉄道など），ライフラインの破壊，津波，火災の発生，巨大ダムの崩壊による洪水，地殻変動，崖くずれなどがおもなものである．これらの破壊には地盤の善し悪しが重要な関係を持っている．構造物の破壊や火災の発生，ライフラインの機能壊滅などはやや局地的である．さらに，震災後の災害地の復興は自助努力も含めて目覚ましいものがある．これらの地震による災害は陸上の社会構造にとどまるのが通例だが，火山噴火の災害は異なる．
　前節で述べた火山災害の分類では，災害が広域に及ぶことが特徴で，陸上のみならず，運航中の航空機にまで危機的状態に追い込まれる．すなわち，「災害は3次元に及ぶ」のだ．表7.2に示すように，噴火による加害因子は多岐にわたる．表7.3には1600年～1986年までの噴火による死者数の統計を示してある．今世紀になっては，火砕流・岩屑流（岩なだれ）による死者が多いのが

表 7.2 噴火による加害要因と事例 (Tilling, 1989 を訂正・加筆, 下鶴, 1995)

加害主因	実例	出典
〈直接災害〉		
降下物		
火山灰	ベスビオ (1906)	Lacroix, 1906
抛出岩塊	スーフリエール・セントビンセント (1812)	Anderson と Flett, 1903
流下物		
火砕流・サージ	モンプレ (1902)	Fisher ら, 1980
横なぐりブラスト	ベズイミアニ (1956)	Gorshkov, 1959
岩屑流	セントヘレンズ (1980)	Voight ら, 1981
一次土石流	ネヴァド・デル・ルイス (1985)	Herd and the Comité de Estudios Vulcanológicos, 1986
洪水	カツラ (1918)	Thorarinsson, 1957
溶岩流	キラウエア (1960)	Macdonald, 1962
その他		
水蒸気爆発	スーフリエール・グアドループ (1976)	Feuillard ら, 1983
火山ガス・酸性雨	ディエン (1979)	Le Guern ら, 1982
〈間接的災害〉		
地震	桜島 (1914)	Shimozuru, 1972
地殻変動	有珠 (1977~1978)	Yokoyama ら, 1981
津波	クラカタウ (1883)	Simkin と Fiske, 1983
二次土石流	スメル (1976)	Bull. Volcan. Eruptions, 1978
噴火後の浸食・堆積	イラス (1963~1964)	Wardron, 1967
大気への影響	ピナトゥボ (1991)	Smithsonian Institution, 1991
噴火後の飢餓・疫病	ラキ (1783)	Thorarinsson, 1979

表 7.3 1600~1986 年間の火山噴火による死者数の統計 (Tilling, 1989)

加害主因	1600~1899		1900~1986	
火砕流・岩屑流	18200	(9.8%)	36800	(48.4%)
泥流・洪水	8300	(4.5%)	28400	(37.4%)
降下火砕物・抛出岩塊	8000	(4.3%)	3000	(4.0%)
津波	43600	(23.4%)	400	(0.5%)
疫病・飢餓など	92100	(49.4%)	3200	(4.2%)
溶岩流	900	(0.5%)	100	(0.1%)
ガス・酸性雨	——		1900	(2.5%)
その他・未確定	15100	(8.1%)	2200	(2.5%)
合計	186200	(100.0%)	76000	(100.0%)
年間あたりの死者数	620		880	

目立つ．一方，前世紀以前はクラカタウ噴火や雲仙眉山の崩壊などによる津波の犠牲者が多い．降下物による災害，流下物による災害と分けることができる．前者は Tephra Hazard，後者を Flowage Hazard という．これらを順に述べてみよう．

a．**Tephra Hazards**
1) 火山灰などの火砕物

噴火口から勢いよく放出される火山岩塊，火山礫，火山灰を総称して火山砕屑物という．この中で発泡がきいている多孔質の塊を軽石という．スコリア（岩滓）は軽石と同様に多孔質だが，サイズはやや小さく玄武岩質火山の噴火で噴出する．これらはマグマや山体構成物質が破砕された生成物である．この中で，火山灰は最も細粒で直径 2 mm 以下となる．

ⅰ) 陸上での影響

噴煙に含まれる細粒の火山灰は高空に運ばれて，上空の風向の風下の広域に堆積する．低緯度地方では高度による風向の違いから，風上と風下の両方に降灰がある．また，地上での風向と上空の風向は異なるので注意が必要である．例として，1919 年のインドネシア・ケルート火山噴火の降灰区域を図 7.1 に示す．比較的低空の風によって火山灰は東に流され，高空まで達した火山灰は卓越風の向きが逆のため西に流されている．

わが国では，高空に運ばれた火山灰は偏西風によっておおむね東方に運ばれていく．たとえば，富士山の宝永噴火では当時の江戸にも降灰があったし，桜島の大正の噴火では東北の仙台にまで降灰が記録されている．歴史時代の最大規模の噴火といわれる 1815 年のインドネシア・スンバワ島のタンボラ火山の

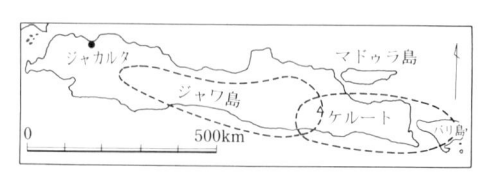

図 7.1 ジャワ島ケルート火山 1919 年の噴火による火山灰の堆積分布（鎖線）(Kemmerling, 1921; Wilcox, 1959; Macdonald, 1977)．高空の風は灰を西に運び，低空の風は灰を東に運んだ．

噴火では莫大な量の火山灰が放出された．驚くべきことに，火山周辺で20 mの厚さに堆積し，140 km西方のロンボック島でも50 cmの厚さがあったのである．この広大な火山灰の堆積によって農作物が枯死して8万人の住民が餓死したという．

火山灰はまた，家屋や体育館などの構造物の屋根に堆積すると危険である．特に降雨によって火山灰がたっぷり水分を含むと，その重量増加のため建物は押しつぶされる．降灰中の避難はたとえ昼間でも暗くなって避難行動に支障をきたす．これをブラックアウトという．降灰中に車を運転するときは，車のフロントガラスに傷が付くことを恐れなければ，ワイパーを働かせれば視界は十分である（筆者の体験）．雨を伴うときは駄目だ．

市街地への降灰は厄介である．風や通行車両によって道路に降った火山灰が舞い上がる．1980年米国セントヘレンズ火山の噴火によって周辺の市街地に火山灰が積もった．このとき，FEMA（米国非常時対策庁）が出した技術報告によれば，農業用の石灰を少なくとも5％（重量比）スラリー状，もしくは水溶液として火山灰堆積の表面に散布すると，セメント状になって飛散を防ぐことができるという．火山灰に直接散水して側溝に流すと，側溝が詰まる原因となる．火山灰の処理は雪より厄介だ．また，水源の汚染，屋外プールの使用不能，養殖池の問題もある．家屋への侵入を防ぐために戸に目張りをしても細かい粒子はどうしても室内に入ってくる．精密な機器製造の工場では，室内の気圧を外気より高くして粒子の侵入を防いでいる．

火山灰はまた，人体の呼吸気系統と目に影響を及ぼす．降灰中に徒歩で移動するときは，ゴーグルとマスクの着用が効果的である．特に，新鮮な火山灰はとがっているので，眼球を痛めるから注意する必要がある．前記のセントヘレンズ火山の噴火では，合計68名の犠牲者が出た．24名の死者について死因を調べると，16名は火山灰を吸い込んだためであり，気管と気管支管が火山灰粒子に覆われていたという．また，車の中に閉じ込められた人達は，窓を開けることができず酸欠で亡くなっている．

ハワイの火山噴火では，溶岩噴泉に伴って，噴き出す溶岩が空中で引き延ばされて細いガラス繊維状の毛髪のようになる．これを「ペレの毛」という．これは粘性の低い玄武岩質溶岩の噴出では日常的だが，希に安山岩質溶岩の噴火

でもできることがある．ペレの毛ができるメカニズムはちょうど工業製品としてのグラスファイバーとそっくりである．この毛が牧草地に降ると，牧草を食べた家畜の消化器を痛めて家畜が死ぬ例が多く報告されている．火山にある牧場ではペレの毛に注意しなければならない．

玄武岩質火山の噴火では，黒い軽石状の岩屑（スコリア）が噴出する．これは大きくても5cm程度で発泡が進んでいるので比較的軽い．アイスランドのサーツェイ火山が噴火したとき，スコリアが降り注ぐ中をヘルメット着用であれば安全だったという．

安山岩質火山の爆発的噴火では，火山弾や岩塊が放出される．噴出速度と放出物の大きさ，上空の風向・風速によって，これらが着地する距離が異なる．図7.2は数値シミュレーションによって推定した浅間山での岩塊の到達距離である．1973年2月，12年ぶりの浅間山の噴火では，火山灰・軽石・岩塊が主として東に飛んだ．火口から4.2kmにある東京大学浅間火山観測所にはこれらが飛んできて，車に被害を受けた．また，観測所前の国道に落下した岩塊には道路のアスファルトが溶けてベットリと付着していた．これは高温のまま落下してきたことを物語っている．道路沿いの送電線も岩塊の直撃を受けて切断

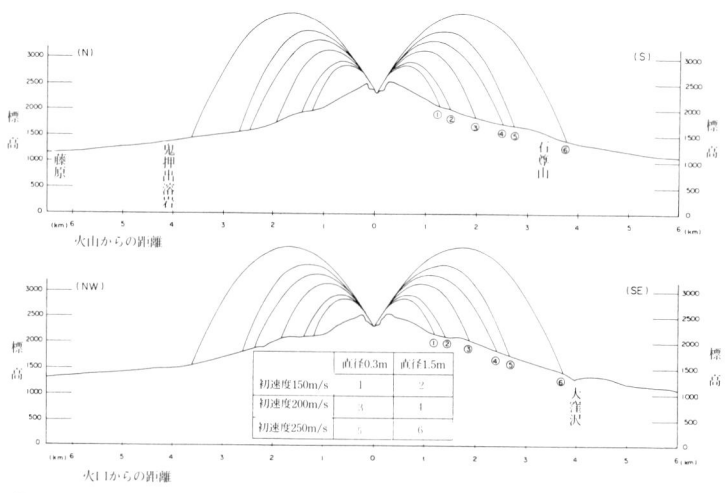

図 7.2 数値シミュレーションによる浅間山地形断面上の噴出岩塊到達地点予測図（国土庁，1992）．岩塊と噴出初速度を変えてある．

された．さらに，驚くべきことに火口から9km離れた小瀬温泉付近にまで岩塊が着地していた．ハザードマップ作成にあたっては，気象条件の設定に配慮する必要がある．

　以上の加害因子は目視できるが，恐ろしいのはマグマ水蒸気爆発のときの火山砕屑物の噴出である．6章の三宅島の事例でわかるように，大きな岩塊が飛び出して構造物を破壊し，さらに細粒物質はサージとして高速で水平方向に噴出する．新島・神津島にはこのサージ堆積物が発達している．これらの島で将来活動するとすれば，噴火してから避難をしても逃げ切れるものではない．あるいは避難船を後方の海面からサージが襲ってくるかもしれない．

　また，火山灰が空港の滑走路に堆積したとき，空港閉鎖になるケースが多く報告されている．道路に降った火山灰に降雨があると，火山灰は湿ったペースト状になり，車両のスリップの原因となる．また，送電線の碍子に火山灰が付着すると，電気がショートして停電になるケースが桜島噴火の際に鹿児島市で報告された例もある．水源地への影響など，火山灰による災害は多方面にわたっている．

　一方，軽石降下の影響も無視できない．桜島の大正大噴火では，海面に大量の軽石が堆積して船による島民避難が困難になった．1977年の有珠山の噴火では，洞爺湖に軽石が浮遊して観光船などが運行不能になった．これらの軽石はいつまでも浮いているわけではなく，旬日の間に水中に沈下してゆく．1883年のインドネシアのクラカタウ火山の大噴火では，2mの厚さの軽石塊（pumice raft）がインドにまで漂流したという．

― *Coffee Break* ―

　明神礁は東京の南420kmにある海中カルデラの中央火口丘で，20世紀初頭から噴火の記録がある海底火山である．海面上に姿を現したり海面下に隠れたりの活動をしていた．海面下に隠れていても浅い岩礁となっているので，漁船には要注意の場所であった．浅いので波が砕けることから，ハロス（波浪す）と呼ばれていた．1952年9月17日，静岡県焼津漁港所属の漁船「第11明神丸」からベヨネーズ列岩北東で火山活動の結果，新島の出現の報告が入った．翌日，海上保安庁の巡視船「しきね」が現場に急行して位置確認などを行った．さらに，19日には，東京水産大学の「神鷹丸」は多数の研究者乗船のもと浦賀を出航してい

た．23日未明に現場に到着したが島影はなかった．そのうちに水柱が上がり噴火が始まったのである．このときの状況は船上の研究者によって詳細に観察されていた．それによれば，この時点でマグマ水蒸気爆発を起こしていたのである．海上保安庁水路部の測量船「第5海洋丸」は神鷹丸に続いて東京港を出航したが，9月23日20時30分の交信を最後に同船からの連絡が途絶えたのであった．直ちに海と空からの捜索が行われた結果，27日ごろから明神礁の南・南南西海域で第5海洋丸の船体の一部がバラバラに発見された．10月に入って，遭難調査委員会が設けられて遭難の原因究明が行われた．発見された船体の一部には海底噴火による岩片が突き刺さっていた．委員会の結論は「昭和27年9月24日12時20分ごろ，明神礁付近において作業中，海底火山の爆発を右舷斜下から受け，上部構造物の右舷側はほとんど破壊飛散し，船体は直ちに転覆沈没したものと認める」というものであった．この悲劇により，田山利三郎を初めとして31名の殉職となった．現在，水路部一階には殉職者の霊を弔うための特別の部屋が設けられており，殉職者の遺影，漂流物の破片，写真などが展示されている．
(小坂丈予：海底火山の噴火，東海大学出版会および日本水路史を参照した)

ii) 大気への影響

(1) 気候変動の因子の一つ： 火山噴火は多量の火山灰や二酸化硫黄などを成層圏に注入してエアロゾル（大気中の浮遊粒子）層を形成する．これが全地球的気候変化をもたらすという．このことは18世紀末にベンジャミン・フランクリン（Benjamin Franklin）が1783年の低温はアイスランドの火山噴火によって日射が減少した結果であると初めて言い出した．その後，グリーンランドの氷床コアの酸性度の異常値がアイスランドのラキ火山の噴火による膨大な酸性ガスの放出によるものと結論された．この噴火は1783年6月から8カ月間，25 kmの長さの割れ目上にできた115個の火口から12.3 km^{3}の溶岩と0.3 km^{3}のテフラを噴出した．これだけでも記録に残る大噴火だが，特徴的なのは，1千万トンに達する二酸化硫黄ガスを高空に放出したことであった．この結果，アイスランドでは75％の家畜が死に，低温による農作物の不作で24％のアイスランドの住民が餓死した．北米での気温低下の模様を図7.3に示す．ラキ噴火による青白い煙霧はヨーロッパを通過して，50日後には中国のアルタイ山脈にまで達したといわれる（Sigurdsson, 1982）．1783年は浅間山の天明噴火と時を同じくしており，わが国でも農作物の不作で天明の飢饉が起きた．天明の飢饉が浅間山の噴火だけによるものか，あるいはラキの噴火

7.2 災害の範囲は3次元

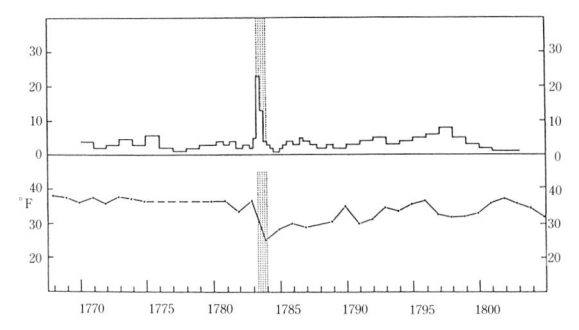

図 7.3 1783年アイスランドのラキ火山の噴火による気候変化 (Sigurdsson, 1982).
上：グリーンランドの氷床コア中の酸性度,
下：北米東部の12月～2月にかけての冬季の気温（華氏）．アミかけ部はラキの噴火期間．

との複合作用によるものかは明らかではない．ラキの噴火による農作物への被害はヨーロッパの農民を疲弊させ，これがやがてフランス革命の導火線になったのかもしれない．

(2) 航空機への影響： マレーシアのクアラルンプールからオーストラリアのパースに向けて飛行中の英国航空B 747型機は，1982年6月24日の現地時間で20時45分ごろ，ジャカルタ南東約180 km付近を高度37000フィートを巡航中，ジャワ島バンドン南東約100 kmにあるガルングン火山噴火の噴煙に突入した．航空機のレーダーは夜間，雲と火山の爆発による噴煙とを識別できない．その結果，ジェットエンジン4基は火山灰を吸い込んで停止してしまった．推力を失った同機は（ジャンボ機は推力を失ってもすぐ落下せず高度を徐々に下げながら滑空してゆくので最大のグライダーといわれる）高度を下げながら滑空していった．これは危機一髪の状況であった．結局14000フィートまで降下したところで，エンジンの再始動に成功して，エンジン1基が停止したまま辛うじてジャカルタ空港に無事着陸できた（小野寺, 1995）．

全く同様な事件が，1989年12月15日，オランダのアムステルダムからアンカレジ経由成田行きのKLMジャンボ機で起きた．アンカレジ北方約150 kmを降下中，高度25000フィートでリダウト火山の噴煙に遭遇し全エンジンが停止した（口絵7）．直下は標高8900フィートの山脈で墜落直前の高度13000フィートでやっとエンジンが再起動して，無事アンカレジ空港に着陸で

きた．エンジンが再起動しなかったならば大事故に繋がるところであった．1980年のセントへレンズ火山，1991年ピナトゥボ火山の噴火に際しても機体に損傷を受けている．わが国でも有珠山，桜島，伊豆大島の噴火に際しても飛行中のウインドシールドの損傷が報告されている．

　一方，北半球の高緯度を飛ぶ航空機のコックピットや客席の窓にクレージング（ひび割れ）という細かい傷がつくケースが目立ってきた．これは，メキシコのエルチチョン火山の噴火で大量に噴出した硫黄を含むガスが高緯度の成層圏に集まり，細かい硫酸の粒となってアクリルでできている航空機の窓を腐食するためにできる細かい傷が光を散乱してパイロットの操縦に支障を来しているということだ．このような窓の取り替えが頻繁に行われた．

b．Flowage Hazards

　流れ災害には，地上を高速で流れ落ちてくる岩なだれ，火砕流，土石流，泥流などと，それほど高速ではなく流れてくる溶岩流による災害とがある．溶岩流による災害としては，農地，住家，港湾，道路などへの被害があるが，人命の被害はほとんどない．その理由は速度が遅いためと，谷地など低い地形を流れてくるので事前に予測できるからだ．恐ろしいのは表7.3に示したように岩なだれや火砕流などの高速で地上を舐めるがごとく流下してくる物質である．これらの現象の本質といくつかの事例について述べ，災害軽減への指針としよう．

1) 岩なだれ（岩屑流，debris avalanche）

　"なだれ"という言葉をパソコンで打ち出すと"雪崩"が出てくる．確かに一般でなだれというと，雪崩を意味するようだ．雪山で雪崩に巻き込まれる遭難が多いからだ．しかし，火山でもなだれがある．これを"岩なだれ"とか"岩屑流"という．この二つのなだれに共通のことは，

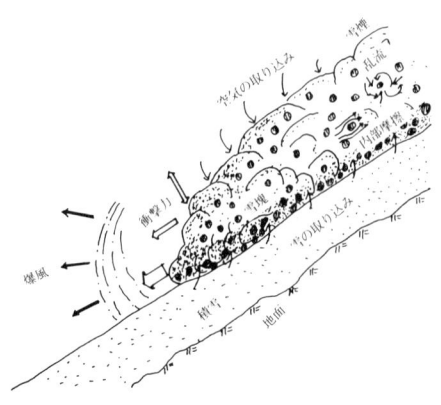

図7.4　煙型なだれの模式図（小林，1993）

図 7.5 檜原村から見た（噴火後3週間，9 km北）磐梯山の火口（関谷ら，1888）．流れ山が多数見える．噴火後現地調査をした関谷清景と菊地　安の菊地によるスケッチ．

斜面を高速で流下する現象であり，また，粉体が重要な役目をすることである．国際陸水協会（IASH）では雪崩を「いったん斜面上に積もった雪が，重力の作用により，肉眼で識別しうるほどの速さで位置のエネルギーを変更する自然現象」と定義している．また，日本雪氷学会では，運動形態を重視する場合には，① 煙型，② 流れ型の2種類に分けている（小林，1993）．なだれの模式図を図7.4に示した．

さて火山でいう岩なだれとはどういうものだろうか．1888年7月15日，磐梯山の山頂部が北側に崩れて山麓の広範囲に土砂を堆積して桧原湖，小野川湖，秋元湖が生じた．中村洋一の調査によれば，マグマの痕跡がないこと，また，流下時に水を含んでいないことから，この流れは乾燥状態の土石の流れとして，ドライアヴァランシュ（乾いた岩なだれ）であるという．岩なだれ堆積物の特徴は，堆積物の中に巨大な岩石のブロックが入っていて，それらが，核となって多数のコブ状の丘を作る．この小山を流れ山という．図7.5には磐梯山噴火で山麓にできた多数の流れ山が描かれている．

1980年5月18日に起きた北米セントヘレンズ火山の噴火では，山頂から噴火が起こってから次第に山頂部の北側が膨らみはじめ，噴火発生以来59日目に起こったマグニチュード5.1の地震が引き金となって膨大な量の山体構成物質が崩れ落ちて磐梯山と同様に馬蹄形火口を形づくった．この火山の山頂部には雪や氷河があり，流れた土石は磐梯山の場合と異なって湿った状態であったことから，米国の科学者はこれをデブリアヴァランシュ（debris avalnche）と呼んだ．この山体崩壊では，なだれと同じく激しい爆風（blast）が先端部

に発生して森林をなぎ倒し広大な地域が壊滅した．大きな Douglas fir（モミの木の一種）の森林が水平に 180°の範囲に最大距離 25 km にわたって破壊した．爆風のスピードは時速 360 km にも達し，また，なぎ倒された森林の外側数キロは森林が焼き尽くされた．この予期せぬ崩壊と爆風によって科学者を含む犠牲者が出た．セントヘレンズの岩なだれは，磐梯山の事件を再び蘇らせてdebris avalanche の機構が火山学者の注目することとなった．

2) 火砕流 (pyroclastic flow)

火砕流という現象が世界の火山学者に初めて認識されたのは，6章の Coffee Break (p.79) で紹介したようにモンプレ (Mont Pelee) 火山の噴火であった．これが近代火山学に革命的事件として捉えられたのである．わが国の火山学者はごく小さな火砕流の発生を桜島や浅間山で望見したことはあるが，雲仙普賢岳の火砕流を動的現象として間近に観察するまでは，おもに火砕流堆積物の調査が火砕流研究への窓口であったと思う．普賢岳で繰り返し発生した火砕流の調査研究は，わが国の火山を研究する者にとって初めての貴重な機会であり，火砕流の運動機構の本質などについての知識が貴い犠牲のもとに蓄積された．

火砕流は発生機構から3種類あるといわれている．G.A. Macdonald の教科書 Volcanes には図 7.7 に示すように代表的な火山の名称をつけてプレ型 (A)，スーフリエール型 (B)，メラピ型 (C) の3種類が図示されている．プレ型は 1902 年のマルティニク島のモンプレの噴火でドーム下部から blast が起きて火砕物が猛烈な勢いで水平方向に射出するものである．上方に立ち上がる熱い雲が特徴的で glowing avalanche ともいわれた．この熱雲も高速で斜

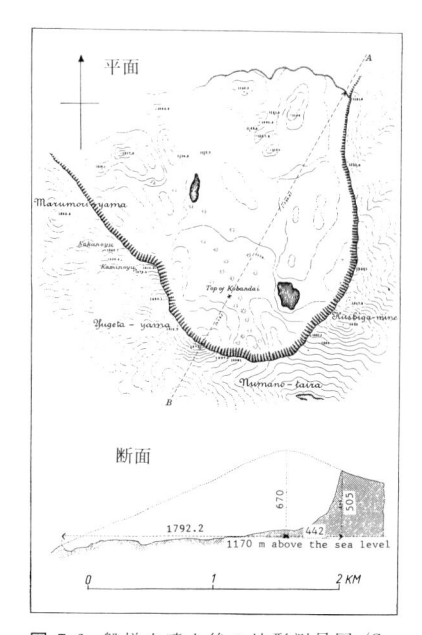

図 7.6 磐梯山噴火後の地形測量図 (Sekiya ら, 1889)．上：三角測量による火口の地形．×は噴火前の小磐梯の山頂部．火口内のポチポチは水蒸気噴出地点．下：A-B線に沿った断面図 (単位は m)．破線は噴火で吹き飛んだ部分.

面を流下する．モンプレ噴火の前日，同じく小アンティル列島のセントビンセント島のスーフリエール（Soufriere）火山が噴火した．このときも熱雲が発生したが，モンプレの噴火時とは異なったものであった．温度はそれほど高くなかったために熱雲で覆われた地域での多数の生き残りが記録されている．温度が比較的低かった理由としては，図に示すように高空に吹き上げられた噴煙が上空で冷却するためであると考えられる．やや密度が高い噴煙の下部が浮力を失って落下して斜面を四方に流下するのである．ジャワ島のメラピ火山の山頂部には溶岩ドームが形成され，成長するに

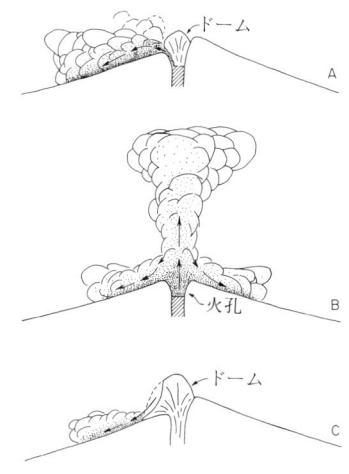

図 7.7 火砕流の3種類のパターン (Macdonald, 1972) A：プレ型，B：スーフリエール型，C：メラピ型．

つれて力学的不安定になると，ドームの崩壊が起こる．メラピの山頂火口の地形は一方に開いているために溶岩ドームが成長してくると斜面に垂れ下がるようになって崩壊する．これはちょうど，普賢岳地獄跡火口東縁から垂れ下がるように成長して崩壊に至るメカニズムに似ている．

大規模な火砕流堆積物はカルデラ形成時の遺物として広域に分布している．たとえば，阿蘇4といわれる火砕流は中心から140 kmに，姶良-入戸火砕流は92 km，鬼界-幸屋火砕流は74 km，阿多火砕流は74 kmといったように到達距離が長い．これらの火砕流はいずれも有史前の大規模な火山活動によるものだ．20世紀に入ってからの火砕流の最大のものは，アラスカのカトマイ火山の1912年の活動で，10 km離れたノヴァラプタから噴出して，北西に流れていわゆる「万煙の谷」（Valley of Ten Thousand Smokes）として堆積した．カトマイとノヴァラプタが地下で通じていたため，20 km^{3}の降下火砕物と最大15 km^{3}の火砕流の噴出により，カトマイ火山体が陥没してカルデラが形成された．ノヴァラプタも火口が陥没して，その中にデイサイトの溶岩ドームが残っている．

火砕流の堆積物の層序は火砕流発生と流動機構の解明に重要である．そのよ

図 7.8 カトマイ火山の活動によりノヴァラプタから発生した火砕流「万煙の谷」堆積物．延長 22 km，面積 120 km² に達した．この火砕流は流下後 5 年間も噴気活動を続けたために Valley of Ten Thousand Smokes と呼ばれた．

うな調査と実験室のシミュレーションなどから，これまで多くの論文が出されている．火砕流の本質についての詳細は，それらの研究結果にまかせるとして，基本的な部分のみについて書くことにしよう．

① 噴火によって放出する火砕物は山麓に対して位置のポテンシャルを持っている．これらが重力の作用によって運動ポテンシャルに変換される．このエネルギー変換こそ火砕流流動現象のエネルギー源となる．

② 火砕流堆積物の中には，数センチメートル以上の軽石や岩片が含まれているので，細粒の火砕物とガスだけの流れではない．

③ 大きな運動量（速度×質量）を持って斜面をジェットコースターのように高速で流れる．場合によっては，カルデラ壁のような障害物でも楽々越えてしまう．

④ 高温で細粒の火砕物を多く含む火砕流の中では流動化現象が起きている．この原理は化学工業での粉体輸送に使われていて，粒子に対する流体の抵抗力が，ある限界に達すると，粉体は大きな速度で移動することができる．これを流動化現象という．

⑤ 図 7.9 に示したのは，雲仙普賢岳火砕流堆積断面の模式図である（藤

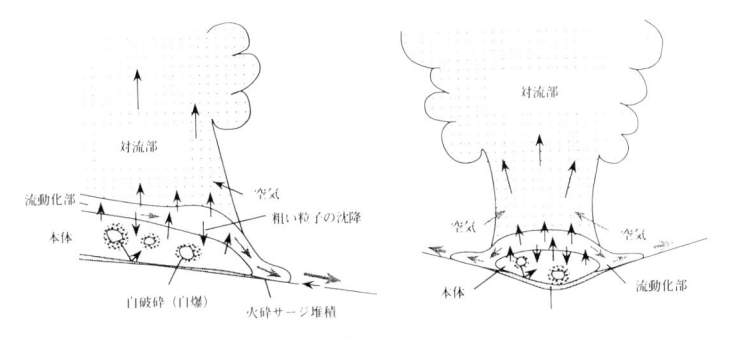

図7.9 雲仙普賢岳火砕流の模式図（藤井ら，1993）．左：流下方向の右側から見た流動断面．右：流動方向の断面．本体の下に火砕サージ堆積物があることから，サージは本体の前面を流走したことになる．

井・中田，1993）．流下する火砕流内部は，本体，流動化部，細粒の火山灰を含む対流部の3層に分けることができる．対流部とは火山灰を主体とする"灰かぐら"といわれる部分で，上昇中に周辺の空気を取り入れることによって膨張して上昇していく．

⑥ 火砕流本体の前面と周辺部に火砕サージという細粒の薄い堆積物がある．これは本体よりも早く流下する．

⑦ メラピ型火砕流では，高圧のもとで封じこめられていたガス成分は崩壊・落下によって，減圧となりガスの発泡が起こる．このガスはまた，流動化部分の上向きの運動を加速する．

以上火砕流についての概略を述べた．モンプレ火山の悲劇でもわかるように，火砕流は火山災害の中でも最も恐ろしい現象の一つである．しかし，個々の火砕流発生の予知は困難であるから，有史以来，火砕流災害のあった火山では十分警戒しなければならない．これにはハザードマップの助けを得るのが，いまのところ現実的である．

3） ベースサージ（base surge）

1946年米国によるビキニ環礁での原爆実験で，垂直に上昇する水柱の底から水面を水平に広がる雲が観察された．これをベースサージと呼んだ．火山噴火でも，水が関与するマグマ水蒸気爆発で起こる．たとえば，1952年明神礁噴火，1965年フィリピンのタアル噴火，1983年三宅島噴火などである．タアル火山の噴火の調査をした中村一明はベースサージ堆積物の調査と樹木の皮の

はがれ具合から，"横なぐり噴煙"と表現した．サージは細粒の火砕物とガスが主成分で，繰り返し噴火によって何層にも水平に近く堆積している．一回の噴火ではサージ堆積の厚さは薄い．タアル火山の噴火で生じたサージは湖面を走って水面にすべり応力を与えたために津波が生じた．伊豆諸島の新島や神津島の海岸の崖にはベースサージの断面をよく観察することができる．海面を走るサージの速度は速いので，将来これらの島で噴火する場合には，噴火が始まる前に島外避難が必要であろう．

4) 土石流，泥流，ラハール，洪水 (debris flows, mudflows, lahars, floods)

土石流や洪水という言葉は小学生程度でも耳にしていて，それがどのような時に起こりどのような現象かを知っている．河川の堤防はなぜ必要なのかも知っているだろう．たとえば，1931年の揚子江の大水害（死者14万5千人），1959年の伊勢湾台風災害（死者・行方不明5100名）など，台風や豪雨などの気象的災害は，地球上の自然災害の中では地震災害と肩を並べている．このような直接気象的要因による災害は，火山作用と無関係ではない．火山で起こるこのような災害は2種類に分けることができる．一つは噴火に伴って起こる流れ災害であり，他は火砕物の堆積と降雨による複合災害（二次災害）である．土石流は大小の岩塊が泥水によって運ばれる現象で，泥流の主体は泥水で水が流動のエイジェントになっている．ここでは事例について二つを分けて述べることにしよう．

ⅰ）噴火によって起こる災害

(1) インドネシアのケルート（Kelut, クルー）火山は1000年以来頻繁に噴火を繰り返している火山で，山頂火口には火口湖がある．山麓は人口密度が大きく，農場が山腹の上のほうにまで広がっている．一般的に火口湖のある火山で，火口底から噴火が起こると，高温のガスと火砕物の噴出によって湖水面が上昇して，火砕物は水と混じって火口壁を乗り越えて非常に危険な泥流（一次ラハール，高温ラハール）を発生する．ケルート火山では例外なく，ラハール（泥流）が発生して過去に数千人の犠牲者を出していた．1919年5月19日～20日の噴火では，再び一次ラハールが発生して，135 km²の農地が壊滅し，5110名が死亡，9000戸の家屋が破壊され，1571頭の牛が失われた．この災害

のあと，オランダの技術者が火口湖の水位を低くするため，図7.10に示すようにトンネルを掘った．この努力によって，火口湖の水位は56 m 低下したのであった．その結果，1951年の噴火では，湖水の溢出もあまりなく災害を及ぼすようなラハールはなかった．しかし，この噴火でトンネルの取水口が破壊して，さらに火口

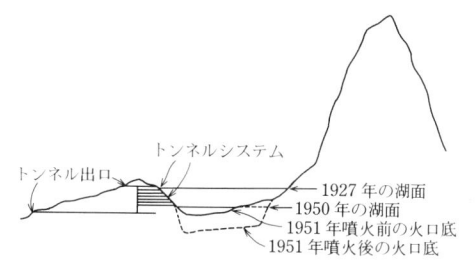

図 7.10 インドネシア，ケルート火山で一次ラハール対策のために山頂部に掘削されたトンネルシステムの概念図と火口湖水位の変化（Macdonald, 1972）

湖が70 m も深くなった．そのため，さらにトンネル掘削が始まった．この作業は，トンネルが火口壁に到達したところで中止した．これは，火口湖の水が浸透でトンネルに流入してくることを期待してのことだった．不幸にして，この期待は裏切られて，次の1966年4月24日の噴火で，再び大規模なラハールが発生して，210名が死亡，86名が負傷したのである．

ラハールとはインドネシアで使われる言葉で泥流のことをいう．一次ラハールとは火口から出る泥流を意味し，二次ラハールとは一次ラハールの堆積物が降雨によって再び泥流となって流れるものをいう．

(2) ニュージーランドのルアペフ（Ruapehu）火山の山頂には，直径500 m の火口湖がある．湖水面が8 m 上昇した1953年12月，湖水の温度が高くなったために，氷に穴をあけて，そこから大量の水が土砂を伴って山腹の谷に一気に流れ込んだ．この一次ラハールは，30 km を2時間で流れ下って，下流の鉄橋を破壊した．不幸なことにちょうど通過中の6両編成の蒸気機関車に牽引された客車が川に転落して151名の犠牲者が出た．

(3) コロンビアのネヴァド・デル・ルイス（Nevado del Ruizu）火山の1985年11月の泥流による悲劇は火山災害予測図の必要性を喚起した事件であった．同年9月に140年の眠りから醒めてアレナス火口から最初の水蒸気爆発が起こり，11月13日の爆発的噴火によって火砕流と火砕サージが発生した．これにより，山頂部の氷河を溶かして泥流を誘発した．この泥流は21時30分の大きな爆発の30分後には火口東方50 km 弱のアルメロ市を襲った．深夜の

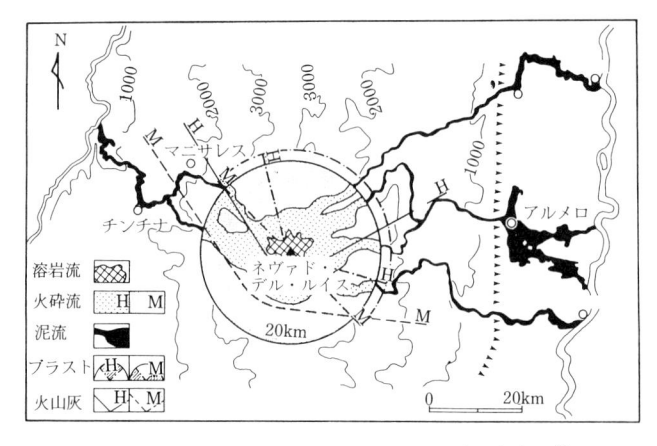

図 7.11 コロンビア，ネヴァド・デル・ルイス火山の災害予測図 (INGEOMINAS, 1985). H：危険度高い，M：危険度中位．

泥流は人口29000人のうち7割を超える21000人が犠牲となった．泥流は初めは冷たかったが暫くしたら熱い泥水になったという．さらに火口から北西約30kmのチンチナ市も泥流に襲われ，2000人以上の死者が出た．結局死者・行方不明が24740人，負傷者5485人，被害者総数17万人を数えた．泥流は発生してから20kmの距離を時速にして約30kmで流下した．深夜とはいえ，どうしてこのような人命の災害が起きたのだろうか．

　噴火後，勝井義雄を団長とする調査団の報告書によれば，次のとおりである．9月11日の水蒸気爆発によって北東の川で泥流が生じたために，政府の要請により国立地質鉱山研究所（INGEOMINAS）は専門委員会を組織した．この委員会はルイス火山が本格的な活動に入った場合を想定して，10月7日，噴火災害予測図（Volcanic Hazard Map, 縮尺5万分の1）と説明書を作成して，関係機関・市町村に配布されたのである．この予測図の作成では，国連や諸外国の研究者が協力して，将来予想される噴火では降灰のほか，火砕流，爆風，泥流などの発生確率が高いと警告している．特に泥流については，山頂の氷河が急速に融解した場合の想定のもとに，東麓のアルメロ市や西麓のチンチナ市などの危険地域を示してある．さらに噴火の翌日の日付で改訂版が作成されたが，内容は初版のものと本質的には変わっていない．その改訂版を図7.

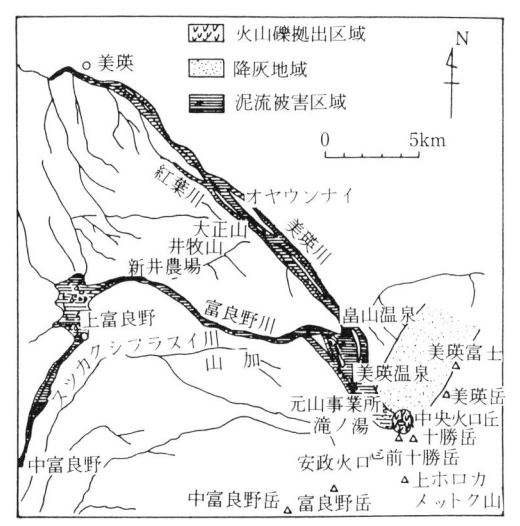

図 7.12 十勝岳 1926 年噴火に伴う降灰，火山礫，泥流分布図（多田ら，1927）

11 に示す．

　実際に泥流が襲った地域はほとんど予測図どおりであった．このように，災害予測図が配布されており，避難命令が出されたが，市民への伝達が十分ではなかったために多数の犠牲者が出たこととなった．この事件の教訓は，災害予測図と情報伝達の重要性であった．その後に開催された国際火山学地球内部化学協会（IAVCEI）では，各国に災害予測図作成に関するアピールを出した．

　(4) 北海道十勝岳は活動的な活火山であるが，最初に噴火が目撃されたのは，1857（安政4）年に，この地を踏査した松浦武四郎による．20世紀に入っても1926年，1962年，1988年に規模の大きい噴火があった．特に，1926（大正15）年の噴火では死者123名，行方不明21名，計144名の犠牲者を出した．

　1887年の噴火後しばらく静穏であった十勝岳は，1923年ごろから噴気温度が上昇しはじめて山頂の熱沼では硫黄が溶けて噴き出すほどであった．以前から硫黄の採掘が行われており，火口から2.4 kmの元山採掘事務所では，前から火山の異変に気づいていた．すなわち，1923年6月ごろから火口内の熱沼は溶融硫黄で満たされるようになり，さらに翌年暮れには山鳴りと震動の後，

噴火が起きた．この噴火で硫黄採掘の第二坑と第三坑が破壊された．その後も活動は衰えず，1926年5月には山鳴りが激しかったが，坑夫達は全員山に登って硫黄を採っていた．このような事態は現在では考えられないことだが，当時の知識はこの程度であったかもしれない．そして，運命の5月24日12時11分第一回の水蒸気爆発があった．小規模の泥流が北西6 kmの白金温泉を襲った．さらに，4時間後の16時17分すぎ，轟音とともに大きな水蒸気爆発が起きたのである．この爆発で中央火口丘の北西半分が崩壊して，岩なだれは北西斜面をなだれ下り，わずか1分たらずで元山事務所を襲い，25名の命を奪った．爆発音が強く，また長く続いているので，鉱山の山加事務所から元山事務所に安否を問う電話をかけたら，所長の「第二坑…」という言葉が最後だったという．この岩なだれは残雪を急速に溶かして大規模な泥流を誘発して，美瑛川と富良野川に分かれて流下し，爆発後25分あまりで火口から25 kmの上富良野原野に達した．岩なだれは時速160 kmに達していたと推定され，誘発した泥流は時速約60 kmであった．火口から幅250 m，長さ1 kmにわたって堆積した高温の岩なだれは水分をたっぷり含んだ雪を溶かして一次泥流を発生させた．さらに，この泥流が流動性の高い二次泥流となり，凄まじい勢いをもって森林をなぎ倒し，富良野川に向かった泥流は上富良野の村に突き当たった後，鉄道線路に沿って南下していった．この泥流は推定25〜30分で上富良野の市街地に到達している．泥流が通過した面積は約29 km²に及び，堆積した泥土，木材などの体積は概算で300 m³に達した．わが国の泥流被害としては最大のものであった．

Coffee Break

当時の上富良野には，1897（明治30）年に田中常次郎率いる三重移住団体（三重団体）が苦難の末に上富良野の開拓に成功していた．さらに，南には石川団体，福井団体の開拓地があった．三重団体は米作を主として，勤勉で人々の尊敬を集めていた．その30年の苦難に与えられた報酬が，この一面の泥海と20万石に及ぶ流木であった．問題は村の波乱をきわめた復興にあった．当時の吉田貞次郎村長は，災害視察に訪れた北海道土木部長，上川支庁長と爆発火口に立って，「部長さん，あの泥にまみれ光を失った土地こそ先人の血と汗よりなった美田であったのです．自分達村民は30年の苦心をいま一朝にして見捨てることは

できません．石にかじりついても，あの土地を復旧したいと思います．どうかわれ等の微哀を汲んで下さい」と懇願したという．ところが，ここでむずかしい問題が起きてきた．一部の罹災民は，被害地は硫黄と硫酸分が多量に含まれて耕作ができないうえ，流木が埋まっていて農地として回復するには莫大な経費がかかるとして，復興反対期成会を組織して反対運動を開始した．たしかに，硫黄を多量に含んだ土と流木を取り除くにはかなりの費用が必要であったろう．その結果，罹災者のうち，耕地復興が全く不可能と見られた43戸に対しては義捐金をもって美瑛村御領地270町歩の払い下げを受けて移ってもらった．復興には耕地整理組合を設立して実施していった．故三浦綾子女史は小説「泥流地帯」「続泥流地帯」で大正泥流の悲劇を語っている．

(5) アイスランドでは地下のマグマが氷河を溶かして大規模な洪水を起こす．これをアイスランド語でヨークルフロイプ（jökulhlaup）という．たとえば，カトラ火山の1918年の噴火で発生した洪水では，1000トンもの巨大な玄武岩溶岩塊が火口から23kmまで運ばれたという．噴火が目視されない場合

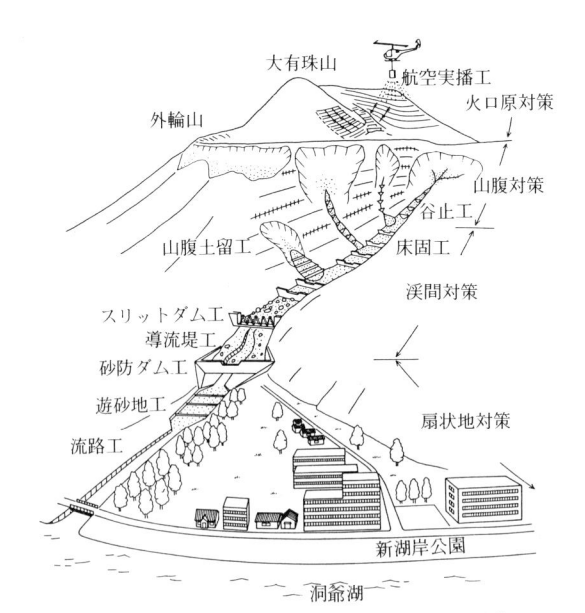

図 7.13 1977年有珠山噴火後，斜面に堆積した火砕物による泥流災害防止のための施設の概念図（門村ら，1988）．航空機からは植生をうながすための種子を蒔いた．

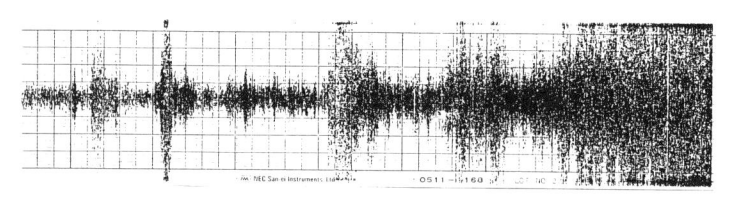

図 7.14　1991年6月18日早朝雲仙普賢岳で発生した土石流の振動波形（雲仙岳測候所による）

でも起こる現象で，実際に，将来を嘱望されていた地質学者の栅山，福山両氏がジープで川を渡っている最中に突然襲った洪水で落命したことがあった．

ⅱ）堆積火砕物による土石流

以上噴火によって生じた土石流・泥流について事例をあげて述べた．これらの現象は噴火に伴ってではなく起こる場合もある．北海道有珠山や桜島，雲仙普賢岳などでは，噴火によって山体に堆積している火砕物が降雨による土石流となって災害を及ぼすので，危険な渓には砂防ダム，遊砂地などの防災対策が行われている．1977年から始まった有珠山の噴火で，山体に大量に堆積した灰を主とした火砕物が，1978年10月24日に20haにわたって市街地に氾濫して被害をもたらしたため設置された遊砂地工の見取り図を図7.13に示してある．1991年のフィリピン・ピナトゥボ火山の大噴火では火砕流の堆積物の厚さが200mにも達した．将来数十年にわたっての土石流の発生が懸念されている．インドネシアのメラピ火山ではドーム崩壊によって発生する火砕流堆積物が，降雨によってしばしば土石流となって被害を及ぼしている．これを現地では二次ラハールという．

一般に土石流・泥流発生の監視には渓の上流にワイヤーセンサーを張って，ワイヤーが切れたら警報が鳴るように仕組んであるものが多い．ワイヤーが上下に数本渡してあるものもある．これは一番下のワイヤーが切れた場合，一本だけだとその後の土石流に対応しないためである．雲仙普賢岳で発生した土石流の震動が，展開してあった地震計に記録された例を図7.14に示してある．この震動波形を習熟すれば，土石流常襲地の上流に簡易テレメーター式地震計を設置すれば，上流での土石流の発生を監視することができるわけだ．

5）溶岩流（lava flow）

玄武岩質火山（例：マウナロア，キラウエア，伊豆大島，三宅島）の溶岩は

図 7.15
上:塊状溶岩の例として桜島の大正溶岩
下:縄状溶岩の例としてキラウエアの溶岩

シリカの含有量が少なく,粘性が低い.つまりかなり流動性に富んでいる.また,溶岩の粘性は温度に敏感で,温度が低くなると粘性が高くなる.噴出点では初期温度が高いために粘性が低く,奔流のように噴出するが,流下していく間に温度が低下していくために粘性が急速に上昇して流下速度も低下していく.固化した溶岩流の表面を観察すると,渦を巻いているものや縄状模様やガラスの表面のようにツルツルしているなどさまざまである.ハワイの火山で

は，表面がなめらかな溶岩流をパホエホエ（pahoehoe）といい，コークス状のものをアア（aa）溶岩流という．伊豆大島でカルデラから三原山に登る途中の左側にある安永溶岩（1777～1779）がパホエホエの縄状溶岩（ropy lava）で右側の溶岩（1950，1986）がアア溶岩流である．アア溶岩は表面がゴツゴツしていて歩くのに往生する．前者はホイホイと歩けて，後者はアアと危なっかしいからと覚えるとよい．溶岩流の上を歩くときには注意が必要である．それは場所によって内部が空洞になっているからで，表面が薄い場合には空洞に落ち込むことがある．一般に溶岩が流れるときには，表面と側面が早く固化して，内部を流動性を保った溶岩が流下していく．溶岩トンネルができるのはこの理由による．

　一方，安山岩質溶岩（例：桜島，浅間山）はシリカに富んでおり，噴出温度もやや低いので玄武岩溶岩に比べて粘性が高い．そのため，流下速度も遅く固化した状態は玄武岩溶岩とはかなり異なっており大きなブロックが重なりあっている．これを塊状溶岩（block lava）という．年代が経った溶岩流の表面には種々の植生が発達している．たとえば，伊豆大島ではイタドリがたくさん茂っているし，桜島ではマツが根をおろしている．パホエホエ溶岩の表面には植物の種子が居着く空間がないから植生は育たない．

　溶岩流に埋没した集落が同じ場所に復興することは困難である．1983年の三宅島の割れ目噴火で南西海岸の阿古集落の400棟を超える住家と学校が溶岩流で埋没した．東京都は新しい村造りのために学識経験者による委員会を設けて，将来溶岩流に対して安全な場所を探した．現在はその場所に新しい集落ができている．

　溶岩流が集落を襲うケースは世界中でも多々ある．集落を救うためには，① 溶岩流の流路を変えてやる，② 溶岩流を止めてやる，の二つの方法がある．① の方法としては，火薬を用いて溶岩流の側面を破壊して流下方向を変えるか，堤防を築いて流れの方向を変えてやる方法がある．イタリアのシシリー島にあるエトナ火山は溶岩を頻繁に噴出する火山として有名だが，1669年の噴火のときに，山麓のカタニア市に住む一人の男が仲間とともにぬらした牛皮をかぶって溶岩流の側面にできた土手（levees）を破り，側面に流路を作って溶岩を害のないところに導いたという記録がある．1983年3月28日の噴火で

は，南斜面で噴火が起こり，溶岩流は幅を広げながら流下を始めた．このときには，多数のブルドーザで土手 (earth barrier) を4カ所に構築した．高さは 8～20 m，全長は約 1700 m で，毎日 13 時間の作業で 50 日かかったという．その一方で，政府指導のもと，土手の横腹に穴を開けて，挿入した火薬を爆発させて土手を破壊しようというものであった．溶岩流の側面に火薬を挿入するのだから周囲温度が問題になる．初期の想定では穴の温度は 400℃ であったが，実際には 900℃ もあったのだった．高価な Tacot 火薬を用いるべきであったが，結局循環水・圧搾空気による冷却で，安価なダイナマイト火薬を用いた．このような実験的爆破によって溶岩流の厚さは 3 m 低下したというが，目的量の 20～30% しか達成できなかった．

爆弾投下で溶岩流の向きを変えることが，1935 年の末にハワイ島マウナロア火山で行われた．溶岩流はマウナケア火山の山体に向かってから向きを変えてヒロの市街地に向かう気配を見せた．12 月 24 日にはヒロ市に水を供給しているワイルク川の上流に近づきつつあった．もう猶予はならないと判断した当時ハワイ火山観測所長のジャガーは空爆によって溶岩流の向きを変える作戦に踏み切ることにした．12 月 26 日には，ジャガーほかの火山学者が上空から偵察して爆弾を落とすターゲットを探した．ホノルル空軍基地から 10 機の爆撃機が 600 ポンドの TNT 爆弾と多数のポインター爆弾を積んでやってきた．27 日の朝，ヒロ空港を発進した 5 機の爆撃機が爆弾投下を始めて溶岩流のチャンネルの天井部を破壊し，さらに下流に照準を絞って溶岩が地表に溢れだしたのであった．結局，10～20 カ所で溶岩が溢れだし，地表に出た溶岩の温度低下によって溶岩流の速度が鈍り，28 日の夜にはすべての溶岩流の運動が停止してヒロの市街は災害から免れたという．現在ではこのような作戦は実行不可能であろう．

一方，溶岩流の先端を冷却して粘性を高め，溶岩それ自身の堤防を作って制御する方法がある．1973 年 1 月 23 日，アイスランドのヴェストマン諸島の中のヘイマエイ島で広域割れ目噴火が起きた．スコリアは住宅を埋め尽くし，溶岩はアイスランド漁業の中心ともいうべき港町ヴェストマンナエイヤールに迫ってきた．この港が使えなくなるとアイスランドにとっては大打撃になる．何とかして港を溶岩流から守らなくてはならない．そこで，米国からの援助もあ

って，多数の強力な高圧ポンプで海水を溶岩流の前面に放水して冷却固化して溶岩の前進を食い止めて大切な漁港を守ることができた．1983年の三宅島の噴火，1986年の伊豆大島の噴火でも，溶岩流を食い止めるために，小規模ながら海水を用いた冷却作戦が試みられた．ある報道は"焼け石に水"と批判していたが，周囲が海の火山島では将来有望な溶岩流食い止め作戦である．

Coffee Break

爆弾投下で噴火を起こせるか？

　パプアニューギニア国東ニューブリテン島の先端にラバウル火山がある．ここはラバウル小唄で知られるように，太平洋戦争中はカルデラ湾の奥にラバウルの街があり，多くの日本陸軍と南方の戦略基地として海軍の艦艇が停泊する良港であった．カルデラ周辺には多くの火山があり，中でもタヴルヴルとヴルカンは1937年の噴火で500名の死者が出ていた．さて，連合軍はタヴルヴルに噴火を起こせば，日本海軍は閉じ込められて動けなくなるだろうと計画をたてた．それを耳にしたオーストラリアの著名な火山学者 N.H. Fisher はオーストラリア空軍の火口への爆撃を噴火のトリガーに使おうという提案を無駄なこととして即座に反対したという．さすがに火山学者は噴火のエネルギーに比べて250kg程度の爆弾では話にならないということを知っていたのである．爆弾投下は行われた．しかし，タヴルヴル火山はびくともしなかったのである．(R.W. Johnson : VOLCANO TOWN より)

---

6) 火山ガス (volcanic gas)

　1986年8月21日，西アフリカ，カメルーン北西部のニオス湖でガス突出により1700名以上の死者と多数の負傷者および家畜への被害があった．日本を含む国際的な調査が行われた結果，湖底には二酸化炭素を多量に含む湯が湧き出していて，ある深さで二酸化炭素が飽和溶解度を超えたためにガスとして噴出したと考えられている．噴出した二酸化炭素ガスは空気より重いために谷地に沿って流下して多数の人命を奪ったのであった．また，インドネシアのジャワ島にあるディエン火山では，1979年2月21日，同じように二酸化炭素ガスにより149名の死者が出た．わが国でも火山ガス災害がある．最近では，1997年に八甲田山で3名，安達太良山で4名，阿蘇山で2名の死亡が報告されている．1950年以降のわが国における火山ガスによる事故例を表7.4に示してあ

る．1件あたりの死者数は少ないが，合計で50名の死者があり，年間1人が犠牲になっている勘定だ．原因となっているガスは硫化水素がおもなものだ．

わが国の火山，温泉，地熱地帯からは常時水蒸気とともに，量に差があるものの有毒なガスを噴出している．このようなガスの本質を知って災害を防ぐことが必要である．マグマの中には圧力の高い深所で，水のほかに二酸化炭素 CO_2，硫化水素 H_2S，二酸化硫黄 SO_2，水素 H_2 などのガスが溶け込んでいる．これらの気体は圧力の減少によってマグマから分離して地表に噴出する．

表 7.4 1950年以降日本で発生した火山ガス災害（平林順一による）
死亡事故のみをまとめたもので，死にいたらない中毒事故は各地で発生している．

年月日	場所	事故内容	原因ガス
1951/11/5	箱根，湯ノ花沢	露天風呂で2名死亡	H_2S
1952/3/27	同上	浴室で1名死亡	同
1954/7/21	立山，地獄谷	露天風呂で1名死亡	同
1958/7/26	大雪山，御鉢平	2名死亡	同
1961/4/23	立山，地獄谷	1名死亡	同
1961/6/18	大雪山，御鉢平	2名死亡	同
1967/11/4	立山，地獄谷	キャンプ中2名死亡	同
1969/8/26	鳴子	浴室で1名死亡	同
1970/4/30	立山，地獄谷	温泉作業員1名死亡	同
1971/12/27	草津白根山振り子沢	スキーヤー6名死亡	同
1972/10/2	箱根，大涌谷	3名中毒，内2名死亡	同
1972/10/28	那須岳，湯本	浴室で1名死亡	同
1972/11/25	立山，地獄谷	温泉作業員1名死亡	同
1975/8/12	立山，地獄谷	1名死亡	同
1976/8/4	草津白根山，本白根	登山中3名死亡	同
1980/12/20	安達太良山，鉄山	雪洞で1名死亡	同
1985/7/22	立山，地獄谷	湯溜まりで1名死亡	同
1986/5/8	秋田焼山，叫び沢	谷で1名死亡	同
1989/2/12	阿蘇山，中岳	火口縁で観光客1名死亡	SO_2
1989/8/26	霧島，新湯	浴室で2名死亡	H_2S
1989/9/1	那須岳	作業員3名死亡	同
1990/3/26	阿蘇山，中岳	火口縁で観光客1名死亡	SO_2
1990/4/18	同上	同上	同
1990/10/19	同上	同上	同
1994/5/29	同上	同上	同
1997/7/12	八甲田山，田代平	ガス穴で3名死亡	CO_2
1997/9/15	安達太良山，沼ノ平	登山中4名死亡	H_2S
1997/11/23	阿蘇山，中岳	火口縁で観光客2名死亡	SO_2

図 7.16 カメルーン国ニオス湖の 1986 年ガス突出で犠牲となった家畜
（平林順一氏撮影）

噴火時にはもの凄い量の H_2O を含むガスが噴出する．たとえば，1980 年 5 月 18 日の北米セントヘレンズ火山の大噴火後の噴火活動でも，6 月 6 日には 1000 トン/日の二酸化硫黄の噴出が計測されている．多いときには 4000 トンも出すときもある．通常，静かに噴煙を出している火山でも 100 トン/日程度の二酸化硫黄を噴出しているのである．

火山ガスには高温型と低温型の 2 種類がある．高温型ガスはマグマ起源のガスがほぼそのまま地表に出てくるもので，低温型はガスが地表に出る途中で反応が進みガス成分の変化があるものをいう．

高温型火山ガス	低温型火山ガス
二酸化硫黄・塩化水素が多い	硫化水素・二酸化炭素が多い
火山活動に関連	常時噴気地帯
阿蘇・桜島・薩摩硫黄島	安達太良山・八甲田山

（「火山ガス災害に関する緊急研究」の成果，科学技術庁）

火山ガスの特徴と防御方法は次のとおりである（上記文献による）．

(1) 二酸化硫黄： 無色．強い刺激臭．一般に温度が高い火山ガスに含まれる．呼吸器の粘膜に直接作用して呼吸困難となる．喘息持ちは注意を要する．水に溶けやすいので，濡れティッシュやハンカチを濡らして口・鼻を押さえると有効である．濃度が 100 ppm では 30 分程度耐える最高濃度で，1000

ppm になると短時間でも危険となる．

　(2)　硫化水素：　無色．卵の腐ったような臭い．高濃度（150〜200 ppm）になると，嗅覚が麻痺して異臭を感じなくなるので注意が必要．活動が穏やかな火山の火口や山腹の噴気ガス中に含まれる．空気より重いので低い地形に溜まりやすい．非常に毒性が強い神経性のガスで，呼吸中枢を麻痺させて呼吸困難となる．水に溶けやすいガスなので，濡れタオルなどで口や鼻を覆うとある程度効き目がある．1000 ppm の濃度になると，短時間でも生命が危険となる．

　(3)　二酸化炭素：　無色無臭で植生にも変化を与えないから注意が必要．危険個所の発見や事故発生の予測が困難である．死亡の原因は，高濃度の二酸化炭素による酸欠．空気より重いので低地に溜まりやすい．

　火山ガスの噴出量測定は，紫外線相関スペクトロメーターによって火口や噴気地帯からの総量（1日あたりの重量）を測定している．これは二酸化硫黄が太陽の特定の波長を吸収する性質を応用しているから，二酸化硫黄の測定のみに限られている．

　実際の火山ガスの濃度を測定して危険度を知らせる自動測器が，わが国で初めて草津白根山の万座地区と殺生河原地区に硫化水素検知用の半導体センサーを用いた警報機が11カ所設置されている．ガス濃度が高くなると，音声で知らせるようになっている．火山ガスから身を守るためには，① 無風状態の低地には注意する．② 濡れタオルを持参する．③ 危険を察知したときには風上に逃げる．昔，炭坑夫が駕籠に入れた小鳥を持って採鉱に入ったが，これは動物愛護団体から叱られるかもしれない．

8. 災害軽減のために

〈文明が進めば進むほど　天然の暴威による災害が
　　その劇烈の度を増すことを　忘れてはならない〉
〈その災害を起こさせるもとの起こりは
　　天然に反抗する人間の細工である〉
　　　─寺田寅彦著「天災と国防」岩波新書より─

1991年雲仙普賢岳の噴火により，土石流が水無川流域の住居・農地を破壊した（大島　治氏撮影）.

8.1 防災機関としての気象庁の火山監視の歴史

現在わが国では 86 の火山が活火山に指定されている．これらの火山の活動度の把握と情報の発表は気象業務法によって，気象庁がなすべきこととして義務づけられている．気象庁の前身は 1875（明治 8）年に発足した東京気象台であるが，それ以後の火山監視業務の変遷の概略を表 8.1 に示す．この表によれば，2000（平成 12）年 6 月 1 日の気象記念日は気象庁発足以来，125 周年にな

表 8.1 気象庁火山業務の沿革の概略（火山—その監視と防災—，気象庁，1998 より抜粋）

年　月　日	内　　容
1875（明治 8）年 6 月 1 日	東京府内務省地理寮構内で，気象・地震観測開始（東京気象台）．
1883（明治 16）年 9 月 21 日	全国の地方長官に対して，地震・噴火などの異常現象の報告を依頼．資料は東京気象台の年報に掲載．
1887（明治 20）年 1 月 1 日	東京気象台を中央気象台と改称．
1936（昭和 11）年 4 月	地震観測法に火山観測を掲載．
1940（昭和 15）年 4 月 1 日	中央気象台地震課に火山係が置かれる．
1952（昭和 27）年 12 月 1 日	気象業務法施行．
1953（昭和 28）年 1 月 1 日	火山観測法（現在の火山観測指針）を作成し，実施．
1956（昭和 31）年 7 月 1 日	中央気象台が気象庁に昇格．観測部に地震課が置かれる．
1961（昭和 36）年 1 月	火山報告の刊行開始（火山観測データを掲載，季刊）．
1962～1966（昭和 37～41）年	有線・無線遠隔方式の電磁式地震計を主軸とする火山観測施設，火山観測機動班を逐次整備．常時観測対象は 17 火山．1966 年鳥島測候所廃止．
1965（昭和 40）年 1 月 1 日	火山情報の発表を正式に開始．
1969（昭和 44）年 4 月 1 日	気象庁地震課に火山調査係を設置．火山係と二係制．
1974（昭和 49）年 6 月 20 日	火山噴火予知連絡会発足（事務局は気象庁）．7 月 15 日に第一回連絡会開催（会長：永田　武）．
1975（昭和 50）年 4 月 1 日	気象庁地震課に火山室設置．火山係と火山調査係の二係を包括．
1978（昭和 53）年 4 月 26 日	活動火山周辺地域における避難施設等の整備等に関する法律（後の活動火山対策特別措置法）が改正・施行され，情報の都道府県への通報が定められる．
1978（昭和 53）年 12 月 20 日	火山情報取扱規則を制定．
1984（昭和 59）年 7 月 1 日	気象庁本庁に地震火山部設置．
1985（昭和 60）年 10 月 1 日	噴火予知防災係を設置．
1993（平成 5）年 5 月 11 日	火山情報の名称変更．緊急火山情報，臨時火山情報，火山観測情報，定期火山情報の 4 種類に．
1995（平成 7）年 4 月 1 日	気象庁火山対策室を火山課に改組．
1997（平成 9）年 3 月 3 日	東京 VAAC が航空路火山灰情報の発表を開始．
1997（平成 9）年 10 月	火山報告を廃刊し，地震・火山月報に統合．

8.1 防災機関としての気象庁の火山監視の歴史

る．現在，本庁の火山課には，現業班，火山係，火山調査係，火山遠隔観測係，噴火予知防災係といった役職があり，また，火山機動観測班がある．火山機動観測班は，本庁のほか，札幌管区，仙台管区，福岡管区の気象台にもついている．

全国に多数ある測候所の中で，悲劇的だったのは，1947年に伊豆鳥島に設置された鳥島気象観測所の撤退であった．アホウ鳥の生息地として有名な伊豆鳥島は1902（明治35）年の大爆発で全島民125名が死亡し，さらに1939（昭和14）年にも大噴火があった．その後，火口原の隆起や群発地震活動が続き，1965（昭和40）年に気象観測所を閉鎖して全員撤退となり現在に至っている．気象観測が目的の観測所が地震・火山活動によって閉鎖の運命となったのである．

表8.1にあるように，1952（昭和27）年の気象業務法制定に伴って，同年に初版「火山観測法」が発行され，さらに，1968（昭和43）年（当時は柴田淑次長官）に改訂版として「火山観測指針」が刊行された．その後の観測機器の近代化，解析手法の進歩などにより，1994（平成6）年に「火山観測指針」の改訂版が，参考編とともに出版された．新しい火山観測指針によれば，気象官署（地方気象台，測候所）が行う火山観測の目的は，「防災」と「調査研究」に大別されていると述べられている．その中に「防災のためには，火山の活動状況を把握して，火山活動の異常を早期に発見するとともに，その活動の推移を観測・監視し，これらの観測の成果を基に火山情報を的確に発表して，当面の災害防止に役立たせることを目的とする」とあり，また，「調査研究のためには，火山活動の実態を究明するために必要なデータを取得し，火山のより広範な調査研究と噴火予知の進歩に必要な基礎資料を提供することを目的とする」とある．これらの条文は防災機関として気象庁がなすべき問題点を明確に表している．まさに金科玉条である．この精神の上に立って火山監視業務と調査・研究が行われることになる．

第2章で述べたように，現在わが国の活火山は図8.1に示すように北方領土を含めて86である．この中で，気象庁が常時火山観測を行っているのは20火山である．それらの中で特に重点的な観測を必要とする火山を「精密観測火山」としており，それは浅間山，伊豆大島，阿蘇山，雲仙岳，桜島の5火山で

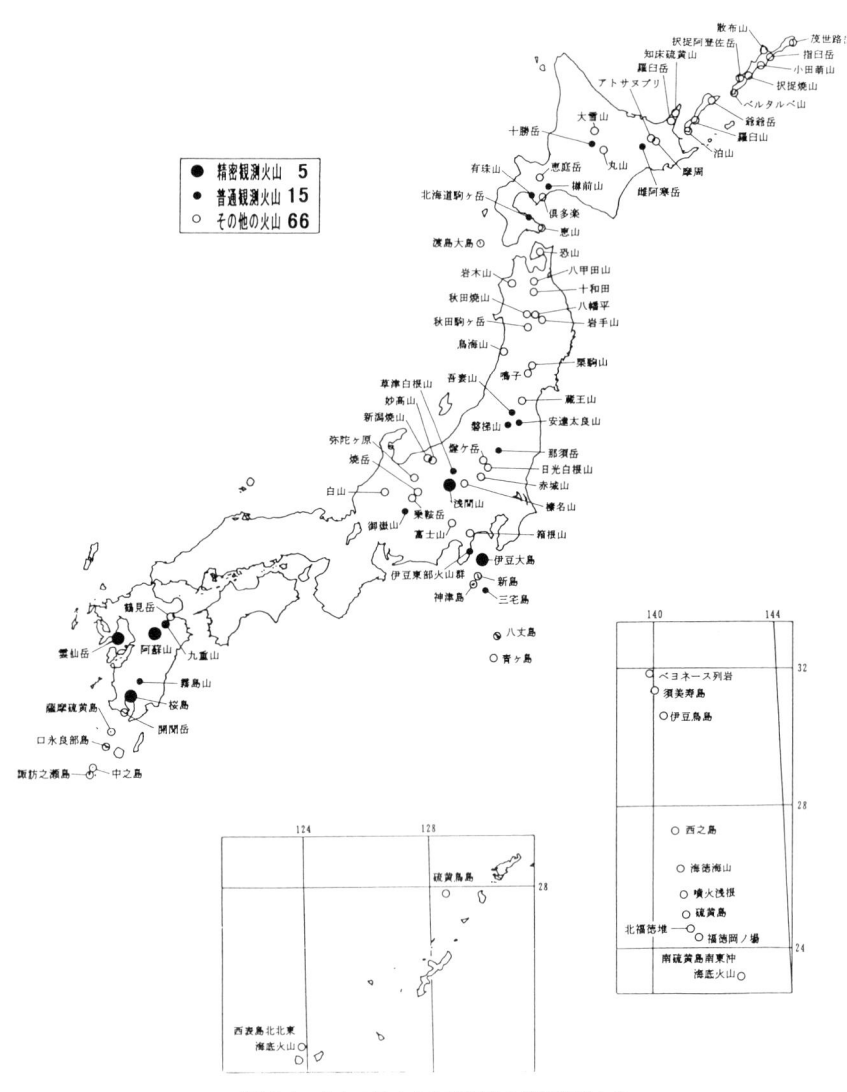

図 8.1 日本の活火山と気象庁の常時観測火山

あり，その他の 15 火山は「普通観測火山」としている．その他の火山に対しては，本庁や管区の機動観測班によって期間は短いが適宜各種観測を実施している．また，岩手山のような常時観測がない火山が活動を始めたときには，大学とともに緊急に臨時観測網を展開している．しかし，気象庁にも人員・機材

の制約があって，気象庁のみでは十分な観測が不可能である場合が多い．そのために，大学や関係する研究機関が共同して観測網を展開することになる．このことが一方では自由で実験的な観測をする大学の脚を引っ張っているのが現状で，気象庁の監視義務体制の一層の充実が望まれている．

8.2 火山情報と問題点

a．火山情報の法律的根拠と歴史

　気象庁が発表する火山情報がどのような法律的根拠に基づいているかを歴史的に振り返ってみよう．その出発は，1952（昭和27）年の気象業務法第165号第11条に次のように規定されている．「気象庁は，気象・地象・地動・地磁気・地球電気及び水象に関する情報を直ちに発表することが公衆の利便を増進すると認めるときは，放送機関・新聞社・通信社その他の報道機関（以下単に「報道機関」という）の協力を求めて，直ちに発表し，公衆に周知させるように務めなければならない．」これが最初の出発点となっている．火山活動は地象の中に含まれていると解釈する．

　さらに，1964（昭和39）年11月11日に，通達気官第228号として，火山情報発表要領が定められて，翌年の1月1日に実施となっている．実施基準としては，気象庁が当時A級火山に指定した，三原山，浅間山，阿蘇山，桜島の4火山について毎月定期的に発表した．それ以外の火山については必要と認めた場合に随時発表することになっていた．その詳細は「火山観測指針，1968」に記述されている．その中で注目すべき文章を拾うと，

　5.3　情報発表の時期

　この文中に次のような記述がある．「異常現象が起こって臨時に発表しなければならない場合の発表の時期は難しい．これには，まず，静穏時の現象を出来るだけ定量的にとらえ（やむをえないものは定性的に），それを基準にして，異常の程度を段階的（例えば，第1種，第2種，…）にきめ，それぞれの段階に応じて情報の発表を行うように準備しておくのがよい．」この成文は興味深い．まず，静穏時の状態を基準にして活動度をレベル分けするという発想だ．つまり，静穏時の観測データが不可欠であるということと，活動度をレベル分

けにしようという考えは，現在世界的に行われている活動度のレベル分けの先駆的発想であった．

5.4　情報文の作成および出し方

この文章はなかなか良くできていて，現在でも十分通用するが，その中の，作成の要点の中には以下のような注意が述べてある．

(1)　文体は口語で，平易な用語を使用し，わかりにくい専門用語はできるだけ使わない．

(2)　表現方法に注意し，誤解を生じるような言葉や文章にならないようにする．まわりくどい言い回しは誤解をまねくもとになる．

(3)　観測値をそのまま文中に入れる場合は，前回発表のものとの関連について説明を加えておく．異常時には，人々がこれらの観測値の変化に対してきわめて敏感になるので，不用意な人心不安を助長させることもある．発表の時点における社会状態をよく把握して，適切な表現を用いる．

これらの注意は，現在でも十分活かされていると思うが，常に留意すべきものであろう．

この長官通達として定められた火山情報発表要領が，現在の気象庁火山情報の基礎的な精神として受け継がれているが，その時点では定期火山情報，臨時火山情報といった言葉は明記されていない．

1970（昭和45）年ごろから桜島南岳が活発な爆発的噴火を始めて，周辺市街地に大量の火山灰を降らせていた．そのため，1973（昭和48）年に「活動火山特別措置法」が法律第61号として公布された．この年は火山噴火予知計画の建議が発足した年であった．この略称「活火山法」の第21条第1項には，「国は，火山現象に関する観測及び研究に基づき，火山現象による災害から国民の生命及び身体を保護するため必要があると認めるときは，火山現象に関する情報を関係都道府県知事に通報しなければならない」と決められており，1978（昭和53）年4月に施行に至った．これは，国の防災機関の一つとしての気象庁に法律的責任を負わすことになった．

これを受けて，気象庁訓令第17号として，「火山情報取扱規則」が同年12月20日に決められた（火山観測指針，1994）．この中の第2章に常時観測火山に係わる火山情報の種類として，(1) 定期火山情報，(2) 臨時火山情報のほ

か，人体に被害が生じる恐れがある場合には臨時火山情報は，(3) 火山活動情報として取り扱うこととしていた．この取り決めに従って，火山活動情報は，たとえば，1979（昭和54）年9月6日の阿蘇山噴火による人身事故の際に1回，および1986（昭和61）年の伊豆大島噴火時に11回，雲仙普賢岳の噴火では，1991（平成3）年から，1993（平成5）年1月までの期間に18回出されている．この3種類の情報が受け取る側にどのように理解されているかという調査が東京大学社会情報研究所（当時は新聞研究所）によって，浅間山周辺，伊豆諸島などの住民を対象に行われた．それによると，3種類の火山情報の中で最も危険で事態が切迫していると理解されていたのが臨時火山情報という結果であった．この結果はきわめて重大であった．1992（平成4）年12月25日に気象庁は火山情報検討部会を設けて情報名の改訂を行う作業に入った．最後の1993（平成5）年3月29日の部会で「火山活動情報」を廃止して「緊急火山情報」に改訂することとなった．その理由は，火山周辺の住民へのアンケート調査によると，最も重大な局面は「臨時火山情報」で，「火山活動情報」のほうの緊急度は臨時より低いという結果が出たからであった．また，火山情報は出しっぱなしだという批判もあり，情報を出したあとの火山活動をきめ細かく住民や行政・マスコミに通知するために「火山観測情報」を新たに設けることとなった．この火山情報改訂は1993（平成5）年4月21日気象庁訓令第9号として，同年5月11日から施行され，この新しい火山情報は表裏色刷り1枚のシートによって一般に通知された．これによって，雲仙普賢岳の活動に対して，1993（平成5）年6月23日に初めて緊急火山情報が出され，その後の6月26日までに計3回の緊急火山情報が出された．火山噴火予知連絡会の会長コメントや統一見解は臨時火山情報や緊急火山情報として気象官署から発表している．

b. 諸外国の火山情報

ここで諸外国の火山情報の例を見てみよう．文化・民度といった風土や歴史の違いから，わが国の火山情報の表現とは大いに異なっている．それらの例を日本の火山情報も含めて比較のために表8.2から表8.7に示す．

これらの表を見ると，日本を除いてレベル分けになっている．日本の場合，

8. 災害軽減のために

火山情報が出しっぱなしになっているという批判があったために，火山観測情報を新しく設けて，緊急火山情報や臨時火山情報発表後の連続した情報としての火山観測情報がある．情報にはそれぞれのお国ぶりがうかがえる．ラバウルの場合には，ステージごとに行政の対応が明記してある．それに対して，フィ

表 8.2 パプアニューギニアのラバウル火山の火山情報階級

ステージ	噴火に至るまでの年月	意　味	州政府の対応
1	数年〜数カ月	危険はあるが警報を出すには至っていない．住民は行動を起こす必要はない．広報はしない	政府に報告．避難計画の検討
2	数カ月〜数週間	危険度は上向き．しかし広報は出さない．住民の行動は不必要	初期的な対策．州の防災計画に従ってわずかな費用
3	数週間〜数日	危険度は重大．政府・住民は事前の行動	州防災計画により政府の財源の確保，常時の行動を支援する政府の拡大援助．適切な助言によるオレンジ警報．
4	数日〜数時間	状況は臨界状態．噴火は起こるだろう．	噴火発生時には州防災計画により救援行動を政府が展開する

表 8.3 フィリピンのピナトゥボ火山の火山情報階級
(1992 年 12 月 9 日改訂版)

警報レベル	基　準	解　釈
なし	静穏	近い将来の噴火の兆候なし
1	地震・噴気その他の活動レベルは低い	マグマ活動，テクトニック作用，熱水活動である；差し迫った噴火はない
2	マグマ関与の兆候を示す適度の地震・噴気その他の不安定要素	多分マグマの貫入．噴火に繋がるかもしれない
3	b 型地震の頻発，地盤変動の加速，噴気・ガス噴出の増大	数日〜数週間の間に新規の噴火または再噴火の可能性
4	微動，多数の長周期地震，またはドームの成長，小規模の噴火	マグマが地表に．規模の大きい噴火が数時間〜数日に起こる可能性大
5	火砕流発生，噴煙柱は少なくとも海抜 6 km に達する	大規模な噴火継続中．谷や風下で災害が起こる

(嵐の前の静けさを警戒して警報レベルを下げるときの手順)
レベル 5 → レベル 4： レベル 5 の活動が終わった後 12 時間待つ
レベル 4 → レベル 3/2： レベル 4 の活動が終わった後 2 週間待つ
レベル 3 → レベル 2： レベル 3 の活動以下になった後 2 週間待つ

8.2 火山情報と問題点

表 8.4 フィリピンのマヨン火山の火山情報階級

警報レベル	基　準	解　釈
なし	静穏	将来の噴火の兆候なし
1	地震活動度・噴気・その他の現象は低いレベル	マグマ活動，テクトニック作用，熱水作用：噴火の兆候は顕著ではない
2	低度から適度の地震や火山灰噴出，岩石崩落など．火口からの火映・溶岩少し流出などマグマを含む明確な現象	(A)マグマの貫入だから噴火に至るだろう．(B)もし，この傾向が低下していけば，警報レベルは1に戻る
3	低周波地震，溶岩の噴出，たまに起こる小規模な火山灰噴火などの活動度が高い	(A)この傾向が上向きならば噴火が数日から数週間に起こる可能性．(B)もし，この傾向が低下すれば警報は間もなくレベル2になる
4	微動/低周波地震，穏やかな溶岩噴出，頻繁な小規模の火山灰噴火	災害を及ぼす爆発的噴火が数時間から数日の間に起こる可能性
5	火砕流発生，噴煙が高度6kmまたは20000フィートに達する噴火継続	災害を及ぼす噴火継続中．谷や風下に災害が及ぶ

表 8.5 インドネシアの火山情報階級

ステージ	基　準	解　釈
1	静穏	将来の噴火の兆候なし
2	地震活動，噴気活動は低レベル	マグマ活動，テクトニック，熱水活動．噴火の兆候は顕著ではない
3	適度の地震や他の不安定要素．マグマ関与の兆候．b型地震の頻発，地盤変動の加速．噴気，ガス放出増加	多分マグマの貫入．噴火に繋がるかもしれない．もし，不安定要素が上向きで継続するならば，噴火は2週間以内に起こる可能性がある
4	微動と多くの低周波地震が続いて危険度増大	噴火が24時間以内に発生するだろう

表 8.6 アラスカ火山観測所で用いている火山情報（カラーコード）

GREEN	火山は静か．定常の地震と噴気活動
YELLOW	火山は活動的になってきた．噴火が起こるだろう
ORANGE	火山は噴火中か，もしくはいつ噴火が起こってもよい
RED	規模の大きい噴火が発生中．爆発的噴火が起こる可能性

表 8.7 日本の火山情報（2000年現在）

緊急火山情報	生命，身体に関わる火山活動が発生した場合に発表します
臨時火山情報	火山活動に異常が発生し，注意が必要なときに随時発表します
火山観測情報	緊急火山情報，臨時火山情報を補うなど，火山活動の状況をきめ細かく発表します
定期火山情報	常時観測対象火山について，火山活動の状況を定期的に発表します

リピンとインドネシアの場合には，レベル分けの基準と解釈が示されている．また，ピナトゥボ火山はフィリピンの要注意5火山の中に入っていなかったが，1991年4月に500年ぶりに噴火を始めて，同年6月15日に運命的な大爆発が起きた．これはちょうど雲仙普賢岳の火砕流災害発生の直後のことだった．フィリピン火山地震研究所（PHIVOLCS）では，1991年5月13日に警報レベルを作成したが，その後の活動を考慮して1992年12月9日に表8.3に示す改訂版を作った．この特徴は警報のレベルダウンをするときに，時間を置くようにしてある．これはたとえ静かになっても再活動の恐れもあることからきている．嵐の前の静けさを警戒しているわけで重要な手順といえよう．また，現象や地形を考慮してピナトゥボとマヨンの両火山では警報の基準内容が異なっているのも特徴である．アラスカ火山観測所は警報レベルをカラー別にしている．これは，運航中の航空機のパイロットを意識してのことで，色識別で危険の程度を直感的に知ることができるようだ．次に実際の火山情報の例を見てみよう．

ピナトゥボ火山は1991年6月15日に大火砕流を含む大規模な噴火があった．火山活動監視の責任は，フィリピン火山地震研究所（PHIVOLCS）で，同年6月7日に警報レベルを3から4に引き上げたときの情報発表の例を下記に示す．

「1991年6月7日：
昨日06：10から19：30の間，ピナトゥボは火口から600〜800 mの高度に水蒸気をあげていました．水蒸気は卓越風によって西北西に流れていきました．本日の05：00〜06：00からはやや強い噴気が900〜1000 mの高さに上がっていました．昨日の11：30〜14：00の間，地震計の移動で観測が中断しました．合計83個の高周波地震が観測され，そのうち，12個は最大振幅が5〜20 mm，2個は20 mmを超えました．最大のものは最大振幅40 mmでした．」

「1991年6月7日18時30分：（筆者注：16時40分爆発）
現在のピナトゥボの状態を分析した結果，PHIVOLCSは警報レベルを3から4に上げました．その決定の根拠は以下のとおりです．
1. 1日あたり1000〜2000回と微動（harmonic tremor）が顕著に増

加している.
2. 16：00に起きた微動が1時間も続いた.
3. 火山灰を放出する噴火で，灰は8000mの上空に達した.
4. 山腹の傾斜計が顕著な山体隆起傾向を示している.

　上記の観測事実に照らして，もしこのような状態が続けば，火山は
　　24時間以内に噴火するでしょう．したがって，西および北西，
　　特に下記の集落（16の集落名が記入）では全員避難すべきです」

　以上が警報文の一例である．地震の振幅などは，それが何を意味するのか一般の人にはわからないだろうから余計なことと思う．また，警報レベルを4に上げたから24時間以内に噴火するだろうというのは短絡過ぎる.

　比較のために，気象庁発表の火山情報の例を示してみよう．次に示すのは1991（平成3）年11月22日に鹿児島地方気象台が臨時火山情報第4号として発表した霧島山に関する火山情報である.

「平成3年11月22日11時30分：
　霧島山で13日21時頃から始まった火山性地震は，15日から19日ま
　で連日100回を超えました．
　20日は25回と減少したものの，昨日（21日）から再び増加し13日
　から本日10時までの地震回数は約980回に達しています．この間に
　火山性微動も4回観測されています．
　今のところ，表面現象には特に変化は見られませんが，地下活動は依
　然活発な状態が続いています．引き続き火山活動に注意して下さい」

　気象庁の火山情報の中には，火山噴火予知連絡会の統一見解や会長コメント，あるいは伊豆大島部会コメントが火山情報として出される．観測結果とその解釈を述べて予想される災害を述べたあとの最後に，必ずといってもよいのは，「引き続き，厳重な監視を続けることが重要である」といった文言がついている．記者諸君は，統一見解の最後の文言にきわめて敏感で，前回の統一見解と比較して，{厳重な}という言葉が消えていると，なぜかと質問してくる．行政も含めて一般が知りたいことは，現在の火山活動はもとよりだが，むしろ「これからどうなるのか」，「われわれはどうしたら良いのか」，「避難すべきか」，「避難指示をいつ解除したら良いのか」などであろう．それは当然のこと

だ．ここに学問の限界が立ちはだかっている．{これからどうなるかわかりませんから，引き続いて厳重な警戒を要します}としかいえないのが本音ではないだろうか．それでは無責任だ，格好が悪い，学者集団の見識を疑うとされる．例示した外国の情報はレベル分けになっていて，いかにもすっきりしているように見える．行政の防災対応もレベルに従って実施することになる．あるとき，{予知連絡会は厳重な警戒が必要というが，われわれはどうして良いのかわからない}と地元の首長から苦言を呈されたことがある．

火山噴火予知連絡会ワーキンググループでは，長期予測サブグループ，活火山サブグループのほかに火山情報サブグループを設けて，火山情報のあり方について検討を始めている．検討会の流れは，次に示すようになっている（連絡会報第 73 号，1999 年 6 月）．

検討課題	検討の概要	今後の対応
現在の火山活動の状況のわかりやすい表現方法についての検討	火山活動レベル（カラーコードなど）の状況調査 レベル化の指針の作成 精密観測火山に関する指針の作成 自治体関係者の意見収集	精密火山観測官署におけるレベル化試案の試行と評価発表方法（火山情報への反映策）などの検討

サブグループの記述によれば，活火山の危険度にランクをつける趣旨は，日本の活火山の中で各火山が防災上どれほど重要なのかを判断する材料を示すことにあるという．ランク付けの尺度としては，火山固有の要素群と社会的要素群とを考慮した以下の点を加味することとしている．

(1) 過去の噴火履歴： 過去 1 万年間の噴火履歴，噴出量累積段階図．
(2) 現在の活動状況： 火山性地震・微動の発生頻度，噴気温度，火山体および周辺の地殻変動，火山体周辺の地震活動（群発地震を含む），火山体周辺の地熱活動．
(3) 地理的な条件： 火口と湖水・海との距離，火口周辺の積雪量．
(4) 社会的要素： 山麓の居住人口，観光客の入り込み数，道路，鉄道，航空路，その他の社会資本と災害予測域との関係．

サブグループは，試行段階の案としての火山活動度のレベル化に関する一般的な指針として次のような試案を考えた．

活動レベル	火山の状態	災害の危険性	監視観測体制
0 (白)	静穏．長期間火山の活動の兆候なし	きわめて低い	活動度の変化を把握
1 (緑)	噴気があるか，最近群発地震などが発生	低い．火山ガス災害の可能性	活動度の変化を迅速に把握する常時監視
2 (黄)	噴火の可能性を示す異常現象を検出	突発的な噴火で不慮の災害の可能性	観測強化．社会に注意を呼び掛け
3 (橙)	既存の火口で小～中噴火が発生か可能性大	火口の周辺で災害が発生する可能性	活動推移の評価．社会に警戒を呼び掛け
4 (赤)	火山の周辺に影響を及ぼす中～大噴火が発生か可能性大	居住地などで災害が発生する可能性	活動推移の評価．社会に厳重な警戒を呼び掛け

　火山情報は発信するほうの都合ではなく，あくまでそれを受け取る相手が，正しく理解してタイムリーで適切な防災対策がとれることが本来の目的だから，相互にその点を理解して，より良い火山情報を構築していくべきである．

　従来の火山情報(1)と，レベル分けの情報(2)とは，それぞれに問題がないとはいえない．それぞれの問題をおおざっぱに整理してみると次のようになる．

　(1)　火山活動の各種データを示して，活動度の変化を伝えているのはよい．また，予想される噴火様式や加害因子についても言及している．一方，防災対策については地元行政にまかせている（この点については，気象庁や自治体防災会議の専門委員を兼ねている予知連絡会委員が助言を与えている）．

　(2)　火山の特性・周辺の人口密度・開発などを考慮に入れて，火山ごとに警報レベルの設定基準を変えているのはよい．発表するレベルに従って地元行政は事前に対応を決めておけばよい．ただ，火山活動の急変に伴って，たとえば，レベル3から4を通り越して5になることもありうるだろう．レベルの基準の意味を行政を含めて一般に周知徹底することが重要である．

　火山情報発表の目的は，火山活動によって予想される災害軽減であるから，最も効率が良い手段を取るべきだ．防災対策についていえば，(1)は行政側に重点があるし，(2)には科学者側に重心が移ってくる．警報レベルの設定は，科学に忠実であればあるほどむずかしい決定に直面することになる．自然現象はたまにわれわれの足下を掬うことがあり，決して単純な現象ではない．*Nature is never simple* であることを忘れてはならない．

8. 災害軽減のために

---- *Coffee Break* ----

　明治初期に日本に滞在したベルツの子息トク・ベルツが書いた「ベルツの日記」の中で，ベルツが1876（明治9）年の東京の大火に遭遇したときの模様を述べている．それによれば，余燼のくすぶる中で，千戸以上の掘立小屋がまるで魔法のような速さで建てられてゆき，災害にうちひしがれている様子もないと驚嘆している．災害に対する日本人特有の態度が不思議だったのだろう．

　また，ノエル・ブッシュは1923（大正12）年の関東震災をドキュメンタリー風に著した「正午二分前」という著書にも同様のことを書いている．すなわち，「1755年11月1日（万聖節）のリスボンを襲った大地震と，関東震災を例にあげて，いかに西欧人と日本人とで災害に対する考え方が異なるかを述べている．リスボン地震が以後長いこと西欧世界の人々の心に壊滅的打撃を与えた理由は，信心深い人々が万聖節の朝，教会のミサに出ているときに起きたからであった．絶対であった神はこのような仕打ちをしてよいのか，という人々の戸惑いは，災害から復興を遅らせ，ヨーロッパの文化に永い間深刻な影響を与えたのである」．ひるがえって日本人の場合はどうであろうか．日本は過去にさまざまな大災害を受けているが，それが日本の文明や日本人の思想に影響を残したことはないという．鴨　長明の方丈記にあるように，無常観は大災害に直面したときの日本人の心情と共通項をなしているのだろう．

8.3　火山噴火予知連絡会

　火山噴火予知連絡会（以下連絡会）は1973（昭和48）年6月29日の文部省測地学審議会の建議「火山噴火予知計画の推進について」に基づいて，翌年6月に気象庁が事務局を担当することとして発足した．建議の中の予知連絡会設置の提言には「火山噴火の予知に関する観測の情報交換をするとともに，それらの情報の総合的な判断を行い，かつ研究・観測の体制を調整し，それぞれの立場における研究及び業務を円滑に進めるために，大学・気象庁及び関係省庁間に火山噴火予知連絡会を設け，事務局は気象庁におく．特定の火山について，観測を強化する必要のある変化が発見された場合は，火山噴火予知連絡会は，火山活動移動観測班の現地派遣に関することなど必要な方針の策定を行う」と述べられている．地震予知連絡会（事務局：国土地理院）の発足から

8.3 火山噴火予知連絡会

10年遅れたことになる．なお，連絡会は気象庁長官の私的諮問機関で，初代会長は永田　武であった．

連絡会の運営要綱の中に次の規定がある．

(1) 連絡会は，委員30人以内で構成する．特別の事項を調査検討するため，必要があるときは，連絡会に臨時委員を置くことができる．

(2) 委員および臨時委員は，学識経験者および関係行政機関の職員をもって充てる．

この中で学識経験者とは，北海道・東北・関東甲信越・中部・九州のブロックで噴火予知計画に参画している国立大学の研究者の代表と，建設省国土地理院・工業技術院地質調査所・国立防災科学技術研究所・海上保安庁水路部・気象庁気象研究所・地磁気観測所の代表および測地学審議会地震火山部会長から成っている．連絡会発足当初は，火山観測を実施している国立大学の地球物理学者が指名されていたが，火山噴火予知には火山の過去の活動史や噴出物の知識も欠かせないとして，地質学者も委員として参加するようになった．地震予知連絡会の構成と違うのは，国土庁・文部省・科学技術庁の行政官も入っていることである．このことは，連絡会の討議を聞いて，必要な助言を与え，さらに，ある火山で緊急に観測強化が必要になった場合の経費の支出のための理解が深まることである．このような行政官の参画は連絡会の特色で当初の永田会長の英断だったと思う．連絡会には幹事として，会長以下，北海道大学・東北大学・東京大学地震研究所・京都大学と国土庁・文部省から1名ずつと事務局として気象庁がメンバーになっている．幹事会は必要なときに召集されて，連絡会の運営その他の事項について意見をまとめ連絡会に報告する．また，緊急時に連絡会を招集する時間的余裕がないときには，幹事会（あるいは在京幹事会）を開く．会長コメントを緊急に発表する必要がある場合には，幹事に図って出すことになっている．

定例の連絡会は年3回開催（原則として5月，10月，2月）であるが，火山の活動度によっては臨時の連絡会を開く．連絡会では，気象庁が全国の火山活動のデータをまとめて，かなり分厚い資料が提出されるほか，各機関で観測した種々のデータをプリントした資料が各委員から配布される．会長が議長となって，北から南，あるいは南から北といった具合に，各火山について気象庁の

説明のあと，研究者から詳細な説明がある．緊急度が大きい火山については，まずその火山の議論から始まるのが通例である．そして，統一見解をまとめるのだ．これには，かなり精神を使い時間がかかる．連絡会終了後は，会長の記者会見が気象庁1階の記者クラブ，あるいは講堂で行われ，統一見解が配布されて質疑応答ということになる．苦労して作成した統一見解の全文が新聞などに報道されることはない．連絡会の記事は豊富なデータとともに「火山噴火予知連絡会報」として出版されているが，議事内容には触れていない．

8.4　火山災害予測図

a．歴史的背景

1985年11月13日，南米コロンビア国の北部アンデス山脈にあるネヴァド・デル・ルイス火山が140年の沈黙を破って噴火し，山頂氷河や雪を溶かして起きた大泥流は山麓のアルメロ市を始め多くの街を襲い，死者は24740人を含む被害者総数が17万人に達した．この死者数は今世紀では，1902年西インド諸島のモンプレ火山の熱雲による死者28000人につぐ大きなものであった（勝井義雄，1986）．コロンビア国立地質鉱山研究所（INGEOMINAS）は1年ほど前から，この火山の異常に気づいており，噴火の1ヵ月前には，災害予測図（volcanic hazard map）を作成して関係機関に配布していたが，結局有効に用いられないうちに大災害となったのであった．実際の泥流被害地域と事前に作成した予測図はかなりの精度で的中していた．

インドネシアには130に余る活火山があり，危険な山麓や中腹までプランテーションが発達して人口が稠密である．そのため噴火災害軽減のために，1979年に，820頁におよぶ"Data Dasar Gunungapi Indonesia"（Data Base of Indonesian Volcanoes）を出版した．これにはforbidden zone（立ち入り規制区域），first danger zone（第1危険区域），second danger zone（第2危険区域）を色に分けて示してある．関係者に聞いたところでは，ある農民がマップを見て，自分のコーヒー園が危険区域に入っているのを知って売却してしまったという．このことは，災害予測図の公表が問題を含む可能性を示した．

わが国の活火山の多くは国立公園に指定されて，地元の経済基盤は観光産業

に支えられている．毎年多くの観光客が火山を訪れてくる．また，山麓は別荘地などの開発が進んできた．手をこまねいているわけにはいかない．そこで，1978年から「噴火災害の特質とHazard Mapの作成—および—それによる噴火災害の予測の研究」と題した文部省科学研究費（代表者：下鶴大輔）によって，13の活火山を選んで災害予測図の作成を目指した．しかし，マップの公表が社会に与える影響がわからず，当時は数値シミュレーション技術も未熟であったために，実績図作成にとどまったのであった．これには文部省関係者から苦言を戴いた．

　さて，前述のルイス火山の悲劇の翌年，1986年2月にニュージーランドで開催された国際火山学地球内部化学協会（IAVCEI）の総会で，この悲劇を繰り返さないようにとvolcanic hazard mapの準備と途上国の火山観測従事者への研修を早急にするようにとのアピールが執行委員会から出された．わが国では出足が遅れていたが，これを受けて，国土庁防災局震災対策課は1986（昭和61）年5月に活火山防災対策検討会を設置して，6名の学者による作業委員会が発足した．その中に樽前山，浅間山，富士山，桜島を研究対象とした4ワーキンググループができて，それぞれのグループは10名ほどの研究者から構成された．このようにして，それぞれの火山の活動史，数値シミュレーションによって予想されるテフラ災害，流れ災害の火山災害予測図の試案を作成した．これが1992（平成4）年に「火山噴火災害危険区域予測図—作成指針」として国土庁防災局から出版された．また，簡単な英文冊子もできた．この出版物は地方自治体にも配布されて，それぞれの自治体が抱える火山の災害予測図作成への「呼び水」としたのだった．予測図作成は，あくまで自治体の意志によるもので，国からの援助もあり，すでに十数火山ででき上がっている．

　わが国の火山でこのような災害予測図が最初にできたのは北海道駒ヶ岳であった．北海道防災会議は学者の協力のもと，森町を始めとする山麓5町村によって，1983年11月に図8.2に示すような予測図を作成した．この図が自治体によって作成された第1号である．

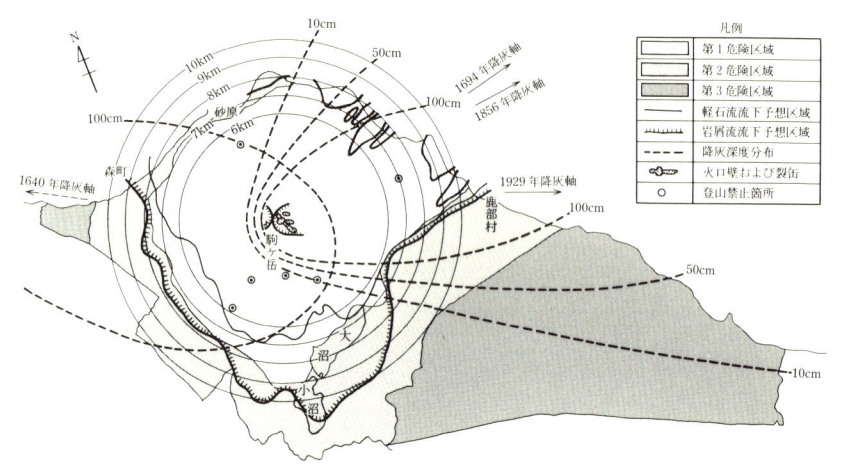

図 8.2 北海道駒ヶ岳の災害予測図（駒ヶ岳火山防災会議協議会，1983 年 11 月作成）

b. 火山選択の基準

たくさんある火山の災害予測図を作るには，少なくない経費が必要で，自治体にとっては，いつ災害を及ぼすような噴火をするかもしれない火山に対してのマップ作成は無駄なことだという認識になるだろう．大災害が生じるような大規模な噴火の発生は数十年〜数百年に 1 回という頻度になるから，火山周辺の住民は一生の間に大災害を経験する機会は希である．このようなことから，災害予測図作成の意欲が湧かないのも理解できないでもない．しかし，火山周辺の土地利用，開発計画を考えると，長期と短期に分けての予測図が必要になってくる．短期の災害予測は一世紀以内の頻度で発生する事件で，住民が一生の間に経験する確率が高い噴火を対象にするのが現実的な防災対策であろう．

それでは，どのような火山について災害予測図を作る基準にしたらよいのだろうか．基準作りの問題点は，① 噴火の頻度，② 噴火のタイプ・加害因子，③ 噴火規模の極値，④ 人口密度，⑤ 社会構造である．これらは，それぞれの火山で事情が異なる．歴史時代に数回以上の噴火をしている火山と，そうでない火山とがある．たとえば，ポルトガル アゾレスのサンミグエルにある 3 火山では，地質調査の結果，過去 5000 年間に約 60 回の噴火があったことがわかり，災害予測図作成にはそれで十分とされている（Booth ら，1978）．また，北米カスケード山脈のセントヘレンズ火山では過去 4 万年の噴出物調査が

行われ，災害評価のためには最後の4000年の事件を基礎にしている（Crandell と Mullineaux, 1978）．しかし，カスケードの他の火山の災害評価には，過去1万年のデータを考慮に入れている．活火山を多く抱えているインドネシアでは，24の火山を選びだして，それらの火山について，噴火のタイプ，噴火の頻度，周辺の人口密度について点数をつけて（最高100点），それぞれの火山の危険度評価を行い，危険度のプライオリティを計算している（Direktorat Vulkanologi, 1979）．それによれば，ジャワ島のメラピ火山とケルート火山がともに最高の87点であるのに対して，歴史時代最大規模の噴火をしたタンボラ火山と，津波による36000人の死者を出したクラカタウ火山の点数はそれぞれ54と50になっている．これは24火山中，プライオリティが22番目と23番目となっている．一方，ハワイのキラウエア火山のように頻繁に溶岩を出す火山の場合は統計的な手法で溶岩流に覆われる地域を割り出している．たとえば，ある地点を指定して，そこが今後25年間に溶岩流に覆われる確率を計算した例もある（Macdonald, 1975）．

c．危険度評価のための作成手順

　まず個々の火山の歴史時代の最大の噴火を極値とする．数万年前のカルデラ形成のような規模の火山活動は対象外とする．過去の噴火活動の規模と災害の調査が基本的に重要になり，それに基づいて将来どのようなタイプの噴火の発生確率が高いかを予測する．その結果を踏まえて，周辺社会に及ぼす影響を評価する．さらには，地元住民や観光客に対する理解を深めるためのマップを作成する．このように4段階に分けて作業を進めるわけだ．これにはもちろん火山学者の協力が欠かせない．この4段階のマップについて概略を述べてみよう．

　 ⅰ） 災害実績図（disaster map）

　地質学者による過去の火山噴出物の分布・年代の調査，古文書の発掘による噴火の様式・災害の規模などの調査が基本的データとなる．噴火規模の極値としては，短期的災害予測として，わが国では歴史時代の最大規模の噴火を極値とする．たとえば，富士山の極値としては1707（宝永4）年の噴火とするなどである．災害実績図として記載する加害要因ごとに地図上に災害範囲を描くこ

とになる.

ⅱ) 災害予測図 (hazard map)

災害実績図を基にして，将来確率の高い加害因子による図を作成する．ここまでが，火山学者の協力を必要とする．

ⅲ) 災害危険図 (risk map)

災害予測図は純粋に火山学的知識を基に作るわけだが，危険にさらされる社会構造については全く考慮していない．そこで，地元行政は，火山周辺の重要施設，病院，学校，発電所などの所在を勘案したマップを主体的に作成しなければならない．これを行政資料型マップともいう．行政の危機管理には，これが重要な資料となる．

ⅳ) 住民広報図 (map for the public)

災害危険図を基にして，過去の災害，将来起こる可能性がある災害と，それを蒙る可能性がある地域，避難の心得，避難ルートなどをわかりやすく図にして配布する．

以上火山災害軽減を目的としたマップ作成の手順と内容のあらましを簡単に述べた．その詳細は前記の国土庁発行の作成指針を見ればわかるようになっている．1983年に北海道駒ヶ岳の災害予測図ができたあと，それを公にすると地価が下がったりなどの影響がでるのではないかという危惧があった．特に駒ヶ岳周辺の開発が進んでいたからである．東京大学社会情報研究所（当時は新聞研究所）が周辺住民に対して，マップを公にすることについてアンケート調査をしたことがある．その結果は，住民の災害から身を守るという意識が強く，大多数は賛成であった．多数作られた現在では，住民広報図が各家庭に配布されているが特に問題はない．問題が一つある．それは，火山の山頂に県境が通っている場合である．この場合には両県が協力してマップを作らないと実現不可能となる．また，活動火口がA県に入っていても，災害が隣のB県に及ぶ場合もある．

上記のマップは災害軽減のための基本的資料だが，マップに記載されていない地点から噴火が起こったり，溶岩流が流れたりしたときは住民避難などの防災対策に間に合わないことになるだろう．したがって21世紀型のハザードマップは多数の初期条件を入れた加害因子ごとのデータベースをディスクに準備

しておいて，実際の噴火時にその中から近似できる噴火を選び出して画面からプリントアウトして緊急の対策を練るのが理想的である．ぜひそうしてもらいたいと思う．

8.5　自治体の危機管理

　自然災害が多いわが国では，災害対策基本法（昭和36（1961）年法律第223号）第40条の規定に基づいて，各地方自治体では「地域防災計画」を印刷物として準備している．台風，豪雨，地震，津波，火山噴火などの災害が多い鹿児島県を例にとると，風水害などの自然災害や大規模事故に係わる「一般対策編」，震災・津波災害に係る「震災対策編」，火山災害に係る「火山災害対策編」および原子力災害に係る「原子力防災計画」の対策編がそれぞれ別冊として出版されている．これらの防災計画は市町村地域防災計画の指針になるとされており，関係機関の防災業務の実施責任を明確にするとともに，実施細目は関係市町村において別途具体的に定められることになっている．その基本方針は，① 地域特性に則した計画的な災害予防の実施，② 災害事象に応じた迅速で円滑な応急対策の実施，③ 被害者のニーズを踏まえた速やかな災害復旧・復興の推進の三本柱になっている．その中に，「予想される災害のシナリオ」として，噴火前兆現象，それらの発生時間と，予測される危険地域がマップにして掲載されている．このマップは，前記の「火山噴火災害危険区域予測図作成指針」にもとづいて，たとえば，「桜島火山噴火災害予測調査検討委員会」が作成した．鹿児島県は桜島・霧島山のほか，薩南諸島に多くの活火山を抱えているので，各火山ごとに「火山噴火災害対策連絡会議」を設けている．浅間山を抱えている長野県では，浅間山火山対策会議という協議会の事務所を佐久地方事務所に設けて，会長は佐久地方事務所長が務めている．協議会の開催は不定期で，火山活動に応じた登山規制を決める．浅間山と草津白根山を抱えている群馬県の防災計画書には，両火山の噴火規模に応じて危険区域・被害予想が表記してある．

　これらの地域防災計画を災害発生時に迅速有効に運用できるかどうかは，ひとえに防災担当者が常時熟練しているかにかかっている．それと同時に住民の

表 8.8 火山活動が活発になったことが観測され，噴火の予報を行う場合，あなたは，次のどちらに賛成しますか．
1. 噴火が発生する可能性が多少ともあるなら，予報が当たらず「空振り」に終わることを恐れずに積極的に出すべきだ．
2. 噴火が起こる見通しがよほど確実になるまで，予報は出すべきではない．

	大島町	三宅村	八丈町	青ヶ島村	新島村	神津島村	合計
1	200 (76.3%)	339 (82.7%)	147 (89.1%)	33 (86.8%)	166 (85.6%)	105 (84.7%)	990 (83.0%)
2	57 (21.8%)	61 (14.9%)	14 (8.5%)	4 (10.5%)	24 (12.4%)	13 (10.5%)	173 (14.5%)
NA	5 (1.9%)	10 (2.4%)	4 (2.4%)	1 (2.6%)	4 (2.1%)	6 (4.8%)	30 (2.5%)
計	262	410	165	38	194	124	1193

(東京大学社会情報研究所による)

対応も問題だ．1986年伊豆大島の噴火で1万人の島外避難があった事件は忘れがたいが，その後，東京大学社会情報研究所が予知情報についてのアンケート調査を行っている．その結果を表8.8に示してある．

この結果が示すことは，① 噴火が発生する可能性が少しでもあれば，空振りでもよいから情報を出すべきだが多数を占めている．② 噴火が確実でなければ予報を出すべきではないという答が，他の島に比べて大島・三宅島で高い数字が出ている．両島とも噴火災害を経験していることが理由だろう．このような住民の意識調査の結果を自治体の防災担当者は十分知っておく必要がある．それは避難指示・解除に対する住民の行動に関係するからである．この調査をまた行えば違った結果が得られるかもしれない．噴火を想定した避難訓練も大切だ．事実，1983（昭和58）年10月3日の三宅島の噴火の前の8月24日に避難訓練を実施していた．その後の調査では，避難訓練が役に立ったという住民の答が多かった．なぜ8月24日に行うかというと，1962（昭和37）年の噴火で学童の島外避難があったからである．ラバウルの1983〜1984年のクライシスのときに，かなりの住民が自主避難をした．それは，1937年の噴火による惨事（500名死亡）の記憶が年配の人達に残っていたからだといわれている．

火山噴火に限らず，すべての災害に対応する図上訓練が米国で行われてい

8.5 自治体の危機管理

```
            ┌──────────────┐
            │ コントローラー │
            │ 訓練の筋書作り．│
            │ 少人数        │
            └──────────────┘

┌──────────────┐   ┌──────────────┐
│ エバリュエーター│   │ プレーヤー    │
│ 訓練の観察と問題点│  │ 防災担当職員  │
│ の発見        │   └──────────────┘ ┐
└──────────────┘                    │ 筋書は知らされない
                   ┌──────────────┐ │
                   │ シミュレーター │
                   │ 自主防災組織  │
                   └──────────────┘ ┘

         問題点の見つからない訓練は失敗と考える
```

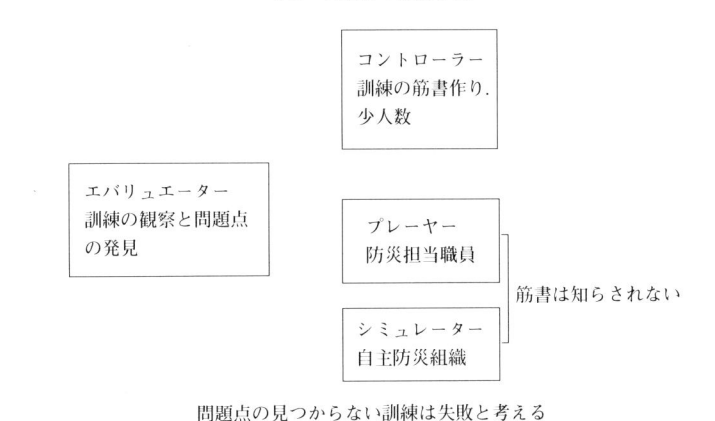

図 8.3 米国の防災訓練の模式図（読売新聞 1995 年 8 月 22 日の記事を図化）

る．その模式図を図8.3に示す．わが国の防災訓練は住民の意識向上という目的もあって，かなり大規模になって経費もかかる．それに比べて米国方式は，防災担当者間の連絡網の訓練だからお金がかからない．まず，コントローラーといわれる数人が災害発生を想定してシナリオを作る．これは下部組織には知らされていない．ここからの情報がプレーヤーという防災担当職員に通報される．ここからはシミュレーターといわれる自主防衛組織に伝達される．ここが末端組織になっている．以上の情報伝達訓練を，エバリュエーターといわれるグループが観察していて，問題点の発見に務めるというものだ．わが国でも，お金をかけないこのような情報伝達訓練を行うことが望ましい．特に，役所というところは，定期の人事異動があって，防災担当者も他の部署に異動してしまう．新しく防災担当になった人達は，改めて防災計画と危機管理に熟練しなければならない．噴火予知に携わっている科学者集団の顔ぶれは変わらないが，情報を伝えるべき相手の顔ぶれが頻繁に変わるので困るのだ．情報の伝達は印刷物やパソコン上だけでは済まされない文字の間のニュアンスがある．平たくいえば，付き合いが長い人との間では会話はスムーズに伝わっていき，情報が正確に伝達され，必要な助言も加わるかもしれない．昇任人事としての人事異動の他に，防災担当の役職を固定した，たとえば「防災専門官」といった

ポストを作って，給与体系を別途設けて人材を養成したらどうであろうか．

さて，緊急時の危機管理として重要なことを挙げると以下のようになる．

(1) 広報の一本化： 広報担当者のみが報道関係者や住民からの問い合わせに応える．

(2) 情報の一括管理： 火山活動，住民の意識，行動，デマ，パニックなどの情報はすべて管理する．デマは必要に応じて打ち消す努力をして住民の不安感を鎮める．

(3) 指揮系統の確立： 危険な区域への立ち入り規制，避難準備，避難指示などの意思決定と，その円滑な連絡．

(4) 連絡網の整備： 測候所，警察署，消防，上部自治体との連絡．火山の静穏時でも，適宜連絡協議会を開いて意思の疎通を図っておく．

(5) 観光客に対する情報伝達： 緊急時に観光客の所在，人数などを把握して，情報を的確に伝える．

(6) 隣接県との連絡： 交通規制・住民避難などについて協力を仰ぐ．

以上が自治体の危機管理のおもな事項だが，これがうまくいくかどうかは，日ごろの訓練や住民に対する教育に懸かっている．1983年の三宅島噴火の際の情報が住民にどのように伝わったかの調査（東京大学社会情報研究所）によれば，島内の各集落に設置されていた同報無線（防災無線）のスピーカーからの情報が最も有効だったことがわかっている．

また，噴火規模・災害規模が大きい場合，1市町村の対処能力を超えるが，そのときには政府の出先機関を臨時に現地に設けて地元行政を援助するとともに，災害に遭った住民の援助を支援すべきだ．実際に1980年の北米セントヘレンズ火山の大噴火のときには，政府機関であるFEMA (Federal Emergency Management Agency, 国家非常対処局) が現地に職員多数を投入して，長期にわたり，住民に対して日常生活への助言を与えた．それらは，火山灰の処理，車のエンジン対策など多岐にわたって毎日のようにBulletinを配布した．危機管理のkey componentは住民なのだから，住民に対するケアが最重点となる．

1983～1984年のラバウル火山の危機が過ぎた後の1987年に東ニューブリテン州災害対策本部はRabaul Evacuation Plan 1987 Updateとして，いざとい

うときの避難計画書を作成した．B5判で29頁の実務的な計画書である．初版は1983年に作成されていたが，改訂版には避難方法とおもな避難先7カ所にセンターを創設することが盛り込まれている．警報のステージに従って，対策本部がすべき事項が纏めてある．たとえば，対策委員会はラバウル火山観測所長の助言を受けて，中央政府の対策本部にステージ4が発令されるべきことを助言して，政府委員会に対して，東ニューブリテンが国家的危機の状態に入ったことを宣言するように要請する．また，住民に対しては，すみやかに危険区域から立ち退くよう

図8.4 1937年パプアニューギニア国ラバウル火山の噴火による降灰によって街路樹の枝が落ちて道路を塞いだ（ラバウル火山観測所提供）．

伝え，対策本部内のすべての部会は，それぞれの義務を果たすよう指示される．これらは check list としてそれぞれの警報ステージごとに細かく書かれている．これは，緊急時に防災担当者の参考になるよいでき映えだ．1937年ラバウルの噴火では，図8.4に示すように，激しい火山灰によって街路樹の枝が落ちて道路に散乱し，車も通れなくなり住民避難に支障をきたした．その経験から，1983年の危機に際しては，街路樹の枝落としがされた．

さて，火山噴火の危機に際して，地元行政は迅速な対応をしなければならないが，三宅島を例にとって述べてみよう．出発点は当然，三宅島の過去の活動史から将来の災害予測をすることから始まる．1990（平成2）年に東京都防災会議出版の「伊豆諸島における火山噴火の特質等に関する調査・研究報告書（三宅島編）」に記載されている将来の活動予測と被害予測には，次のように3種類あるとしてある．

　（1）山腹割れ目噴火：　最も確率が高い．スコリアの噴出．溶岩流出．スコリアの堆積範囲は，割れ目火口の風上で数百m．風下では1km程度．

　（2）海岸付近でのマグマ水蒸気爆発：　大岩塊を300～400mの範囲に放

出．火砕サージが発生すると，瞬間的に近くの構造物を破壊し，樹木を薙ぎ倒す．中規模爆発では噴火地点から1〜2kmの範囲で被害が出る．

(3) 雄山の山頂噴火： 静穏期が長かった後の噴火では，山腹噴火の後に，雄山からの噴火の可能性がある．ただし，15世紀以降は主として山腹噴火．火山灰の放出はやや長期間続く恐れがある．火山灰の堆積は，そのときの卓越風の方向に支配される．

このような3とおりのシナリオが述べてある．このどれが起こるかはわからないから，すべての噴火様式に対応できる防災対策を事前に用意しておかなければならない．そのための防災マニュアル作成のためのガイドラインの概略の

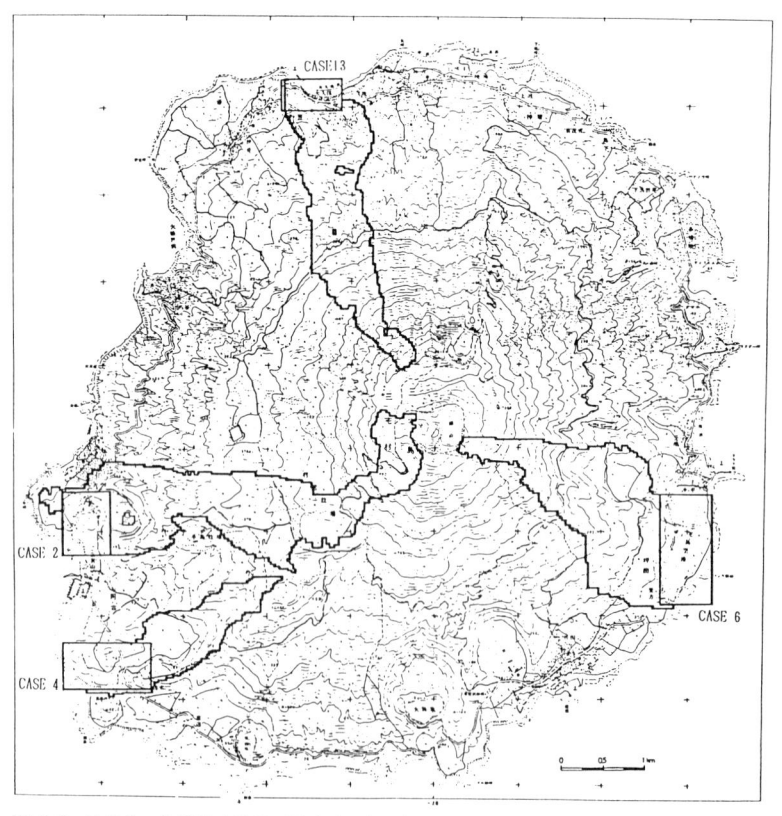

図 8.5 三宅島の溶岩流入地域（長方形の枠内）と，その中に溶岸が流入する可能性のある仮想火口の分布範囲（太枠内）．CASE 2：阿古無線中断所，CASE 4：阿古薄木，CASE 6：三宅島空港，CASE 13：大久保．

流れをリストアップすると、以下のようになる．
- 震源の速やかな決定と噴火地点の予測（科学者による）．
- 山腹噴火地点の早期確認（住民からの報告など）．
- 住民に対して噴火情報の伝達（同報無線による）．
- 震源が集落に近いときは，緊急避難指示．
- 各集落に溶岩が流入する可能性がある仮想火口の分布図をチェックする．
- 危険な集落が決定次第，避難対策に入る．
- 災害予測図を参考にして，都道埋没予測地点・予測時刻の算出．
- 避難ルートの決定 ⇒ 避難指示．

避難ルート決定には溶岩流の流下域を見定めなければならないが，数値シミュレーション図では，仮想火口からのマップしか示していない．そこで，簡単にどの集落に溶岩流が入ってくるかを示した例が図8.5である．これは，長方形で囲ってある区域に流入してくる溶岩流の区域を示してある．つまり，太枠の中のどの地点から溶岩流出が続くと，その下流の長方形の枠内の地域が危険に曝されるということである．人命救助が最大の使命であるから，科学的に100％正確でなくてもよい．要は迅速な対処だけを考えればよい．

a. 避難指示と解除，規制の問題

住民の生命と財産を守ることは行政の責任であるが，災害対策基本法の第六十条に次のようにある．「災害が発生し，又は発生するおそれがある場合において，人の生命又は身体を災害から保護し，その他災害の拡大を防止するため特に必要があると認めるときは，市町村長は，必要と認める地域の居住者，滞在者その他の者に対し，避難のための立ち退き勧告し，及び急を要すると認めるときは，これらの者に対し，避難のための立ち退きを指示することができる．」そして，その旨を都道府県知事に報告する義務があるとされている．これは火山災害だけではなく，洪水，火災，地すべり，土石流にも適用できることになっている．ここに「勧告」と「指示」という言葉がある．消防庁の解説によれば，「勧告とは，その地域の居住者等を拘束するものではないが，居住者等がその勧告を尊重することを期待して，避難のための立ち退きを勧め又は促す行為」とされ，一方，「指示とは被害の危険が目前に切迫している場合等

に発せられ，勧告よりも拘束力が強く，居住者等を避難のため立ち退かせるためのものである．しかし，指示に従わなかった者に対しての直接強制は，時期的に早い段階では直接強制すべきでないこと，急迫した場合は即時強制が可能であること，立ち退きをしないことにより被害を受けるのは本人自身たること等の理由によりとられていない」とある．命令という文言は一切使われていない．指示を無視して立ち退かなかった人が災害に遭っても，それはその人の責任だというわけである．外国では，避難命令が出て，従わなかった者は警察が強制的に立ち退かすことができる場合がある．

　緊急時の避難勧告や警戒区域設定は市町村長の責任だが，なかなかむずかしい問題も含んでいる．雲仙普賢岳の噴火時の例をとってみよう．初めて避難勧告が出たのは，1991年5月15日，土石流によって平原橋が流失したときで，北上木場町と南上木場町が勧告地域の対象になった．さらに，5月19日には再び土石流発生のために避難勧告区域が拡大した．同日，大雨洪水警報が発令されたが，翌日注意報に切り替わったため避難勧告を解除している．その後も避難勧告の発令と解除が繰り返された．このように発令と解除が繰り返された背景には住民の苦情があったのかもしれない．6月3日には火砕流により，死者40名，行方不明3名の惨事となったが，帰らぬ人となったのは報道関係が主であった．避難勧告区域内で火砕流に遭遇したのであった．

　ここで6月6日の警戒区域の設定となる．災害対策基本法第六十三条には，「災害が発生し，又はまさに発生しようとしている場合において，人の生命又は身体に対する危険を防止するため特に必要があると認めるときは，市町村長は，警戒区域を設定し，災害応急対策に従事する者以外に対して当該区域への立ち入りを制限し，若しくは禁止し，又は当該区域からの退去を命ずることができる」とある．避難指示には罰則はないが，警戒区域設定に係わる違反には1万円以下の罰金または拘留の罰則が科せられている．実際に雲仙普賢岳噴火時には，火砕流・土石流などの活動度に応じて警戒区域設定の区域と期限は数回にわたって変更された．これらの区域設定は線引きによる境界で示すことにならざるをえない．隣家は区域外なのにわが家は区域内ということは当然起こる．避難勧告区域ならば，安全と思われるときには昼間農作業に出られるが，警戒区域内ではそれができなくなる．この二つの区域の境界線には厳密な意味

8.5 自治体の危機管理

での科学的根拠は少ない．つまり，これから起こるであろう災害規模の予測がむずかしいからである．市町村長はどのように意思決定をしたらよいのだろうか．唯一の拠り所はハザードマップであろう．専門家が作成するマップは数値シミュレーションによる加害因子ごとに線引きを行っている．実際には境界線の両側にグレイゾーン（灰色帯）があって然るべきだけれども，その曖昧さを排除してマップが作られるのだ．この線引きが首長の心の拠り所になるのはやむをえない．

1991年6月12日は普賢岳の活動の中で特異な日の一つであった．前日の深夜，爆発的噴火で噴石や火山礫が市街地に落下した．従来と異なる噴火様式を示したのであった．傾斜計にも山頂隆起と爆発後の沈降が記録された．さらに，12日昼過ぎ再び傾斜計に山体の膨張を示す記録が見られ，爆発を起こさないまま膨張状態を示したのである．科学者集団も緊張したが，雲仙岳測候所は「傾斜計により，山体が膨らんでいるのが確認されている．今まで経験していない違った噴火も考えられる．半島全域で厳重注意を」と急報で発表した．これで報道陣は一斉に市街地を離れ市民の不安がつのった．このあと，海上保安庁は巡視船を派遣して海上の警戒を強化し，また，警察は島原市内への交通規制を要請．18時00分には水無川河口から半径2.5 kmの海域を警戒区域に設定して船舶の立ち入りを規制した．この海上警戒区域の設定は，6月27日には半径2.0 kmに，8月11日には1.0 kmに緩和されて，9月15日には全面解除となった経緯がある．

海域での警戒区域設定の責任者は誰か．海上保安庁法第18条には，「海上保安官は，海上における犯罪が正に行われようとするのを認めた場合又は，天災事変，海難，工作物の損傷，危険物の爆発等危険な事態がある場合であって，人の生命若しくは身体に危険が及び，又は財産に重大な損害が及ぶおそれがあり，かつ，急を要するときは，他の法令に定めのあるもののほか，次に掲げる措置を講ずることができる」として，六箇条をあげている．その中には，「船舶の進行を開始させ，停止させ，又はその出発を差し止めること」，「航路を変更させ，又は船舶を指定する場所に移動させること」，「他船又は陸地との交通を制限し，又は禁止すること」などがある．つまり，これらの法令によれば，海上保安庁には海域に警戒区域設定の義務はないことになる．水無川沖合の警

戒区域設定は，おそらく海上保安部との協議で島原市長が決めたのであろう．

1989年の伊豆東部火山群の海底噴火（伊東沖海底噴火）の際，伊東港には船舶は入港していなかった．このとき，上記の第18条の適用によって規制されていたものと思っていた．当時の海上保安庁の対応を国土庁がまとめた資料によると次のとおりである．

 7月7日： 群発地震の活発化に伴い，災害に備えるため，巡視船を現場付近に配備．

 7月13日： 第三管区海上保安本部及び下田海上保安部に対策本部設置．航行警報発信．初島の住民の避難時の対応，航行船舶の安全確保等のために巡視船及びヘリコプターを配備し，周辺海域の警戒を実施．（海底噴火当日）

とあり，7月25日には第三海上保安本部および下田海上保安部の対策本部を解散している．したがって，海上保安庁は海上保安庁法第5条による「天災事変その他救済を必要とする場合における救助」として，上記の対応を行ったわけだ．第18条による「強制的処分」は講じていない．噴火終息後の東海汽船などの入港は，火山活動の状況を運輸省に問い合わせて自主的な判断によるものであった．わが国には海底火山が多数あり，領土問題も含めて船舶の航行安全のために，海上保安庁は航空機などにより海面の変色水域などの監視を頻繁に行っている．これによって発見された異常海域は，緯度・経度を指定して水路部が航行警報を発信している．

8.6　情報伝達としてのマスメディア

緊急時はもちろんのこと，火山活動に異変があった場合，住民に周知させるのは地元行政の役目であるが，テレビ，ラジオ，新聞などのメディアによる報道も重要な役割を果たすことはいうまでもない．いたずらにセンセーショナルな記事を流すことは許されることではない．緊急時や災害発生時に際してはスクープというものはない．事実を正確に報道することが要求される．町の自称科学者による書物や週刊誌，タブロイド新聞などによる偏った情報は，言論表現の自由とはいえ困ったものだ．たとえば，東海地震の話題が盛り上がってい

たころ，富士山大爆発という書物が出版されて国民の大きな話題になったことがあった．この本によれば月日を指定して危機感を煽ったものだ．富士山は噴火予知計画によってキチンと観測体制が整備されていて，憂慮すべき何事も観測されていなかった．そのことに対して世間を騒がせた著者は責任や弁解をしないでダンマリを決め込んでいる．このような科学的根拠のない出版物が出たときには，気象庁や科学者が厳しい批判をすればよいのだが，科学者にとっては自負があって，批判す

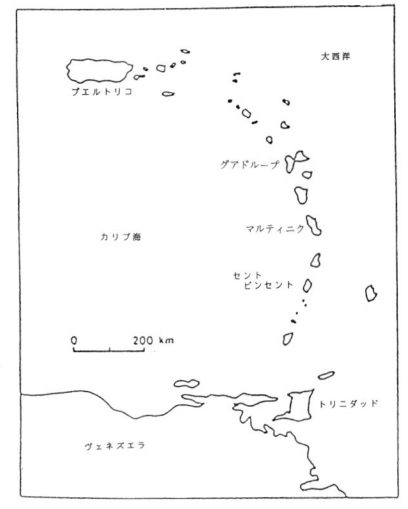

図 8.6 カリブ海を囲む小アンティル諸島

る価値がないとして放置してしまう．すべての報道は国民のためにあるべきなのだ．ここで噴火時における科学者とメディアとの間の問題を例をあげて述べてみよう．

　カリブ海に面した小アンティル諸島には，図 8.6 に示すように，北からグアドループ島，マルティニク島，セントビンセント島が並んでいる．中央のマルティニク島にはモンプレ火山があり，1902 年に大火砕流が発生して死者 28000 名の惨事があったことで有名である．グアドループ島（フランス領）にはLa Soufrier という火山があり，セントビンセント島（英国領）にスーフリエールという火山がある．Soufriere とは硫黄山という意味だ．この二つの硫黄山の事件を振り返って見る．これは危機管理とメディアと科学者の間の一つの例になる．

　　　　　　〈1976 年 Guadeloupe La Soufriere の事件〉
　1975 年 11 月　　　　地震が起こりはじめる．
　1976 年 3 月　　　　有感地震 12 回．
　　　　 4 月　　　　パリで委員会．ニュースが世界に流れる．
　　　　 7 月 25 日　　小噴火．
　　　　 8 月 9 日　　南斜面に泥流．

	12日	有感地震．山頂から5km以内の住民が自主避難開始．Orsey大学のBrousse教授が，噴出物にかなりの量の新鮮なガラスが含まれている．火山はpoint-of-no-returnと発表．このことをメディアは大々的にセンセーショナルに報道した．
	16日	マグニチュード4.1の地震．Guadeloupe政府は島民72000名の緊急避難命令．この避難は4カ月続いた．
9月 5日		Allegre教授（パリ大学）が新鮮なガラスが50〜60%と発表．（これは後に新鮮なガラスではなかったと判明）
11月15日		国際的な評価委員会は大噴火の確率は低いと発表．
12月 1日		避難命令解除．
1977年 3月 1日		火山活動終息．

〈1979年Soufriere at St. Vincentの事件〉

St. Vincent島は英国領で，TrinidadにあるWest Indies大学の地震研究所が小アンティル諸島に地震観測網を1970年代に展開していた．

1977年		噴火の25カ月前に水準測量で隆起を観測．火口湖の水温も異常を示しはじめていた．
1979年 4月12日		群発地震が始まる．19:00にはB型地震と微動を観測．
	13日	未明に爆発．地震研究所の科学者が現地に到着．
	14日	大規模な岩なだれ発生．海岸で1.5mの厚さに堆積．
	15日	地震活動終息．

以上両火山の活動と科学者達の対応の概略を書いた．Guadeloupeの場合は火山活動が長引いて混乱があり，St. Vincentの場合は活動が短期に終息した．

8.6 情報伝達としてのマスメディア

このクライシス時の両者の比較を F.S. Fiske（1984）は次のようにまとめた．

Guadeloupe	St. Vincent
観測データベース不足	データベースは整っていた
火山活動がゆっくり始まった	火山活動が急に始まった
強烈な火山活動	じわじわ異常を示した
20〜25名の科学者チーム	一つのチームの科学者
異なった解釈	一つの解釈
科学者間の連携不足	科学者間の良い連携
ジャーナリストが自由に科学者に接触	ジャーナリストは科学者に接触しなかった

---- **Coffee Break** ----

　フランスの火山観測の責任者だった Haroun Tazieff は，Guadeloupe に調査に来て，大事件にはならないと判断して，同僚を現地に残して南米の火山調査に行ってしまった．この対応の故に，彼はその職を罷免された．彼は後に裁判を起こしたり，科学雑誌 Nature に寄稿したりして，現地を見ないで新鮮なガラスが多量に含まれているといって大騒ぎになった Brousse 教授を Tele-Volcanologist と揶揄し，大量の避難は全く無益なことだったと批判した．住民が早い段階で自主避難をしたのは，今世紀初頭のマルティニク島のモンプレ火山（死者28000）と，その前日に起きたセントビンセント島のスーフリエール火山（死者2000）の惨劇を教訓にしたのであろう．

　メディアの問題に戻ろう．科学者とメディアの間には種々問題がある．科学者はメディアに不満を抱き，また，メディア側からは科学者に対して同様に不満があるように見える．噴火予知連絡会が開催された後，予知連絡会会長は気象庁記者クラブで会見して，おもな火山活動について説明をする．また，統一見解が発表になるときは，それを配布して詳しい説明を行うのが慣例になっている．記者会見に顔を出すのは社会部所属の記者で，火山学の用語などの知識が乏しい人達だ．さらに，よく顔ぶれも替わるし，ほかの重要な事件が起これば，そちらに行ってしまう．説明に苦労することがある．十勝岳が噴火したときの記者会見で｛カミフラノはどう書くのですか｝と質問されて唖然としたことがある．勉強不足も甚だしい．会長の報告は予知連絡会の議論にもとづいて発言するので慎重に言葉を選ぶことになる．会長個人の意見を出すと，予知連

絡会の存在理由がなくなってしまう．このあたりがむずかしいところで，その結果曖昧な表現になる場合もある．経験豊かな記者はそこを見逃さない．あるとき，報道機関の記者と話しこむ機会があったとき，彼が｛予知連会見は男と男の勝負です｝といったのが強く印象に残っている．彼らはもっと真実を聞き出そうとする．学問的に不確定なことを個人の意見として口に出すことはできないのである．ハッタリは科学者としては失格である．わからないことはわからないとはっきりいうべきである．そうすると，記事の目玉にならないから，さらにしつっこく聞いてくる．これが彼のいう男の勝負なのか．

　1983年から始まったラバウルのクライシスでは，ラバウル火山観測所はメディアの取材に悩まされた．また，住民からの電話による問い合わせも殺到した．観測所員は観測に忙殺されていちいち返事ができないのだ．そのため，鉱物資源エネルギー省大臣は，観測所防衛のために，いかなる状況にあってもジャーナリストと直接会ってはならないという布告を出した．すべての情報は州災害対策本部を窓口とし，火山連絡官を新しく任命して観測所との連絡にあたらせた．関係者以外は観測所に入れないために，観測所の取り付け道路に鍵がついた門戸を作ったほどであった．当時の所長 Peter Lowenstein はジャーナリストの問題を次のように述べている．

- ジャーナリストに手渡した情報を誤って報道する．
- 情報の中に含まれていないことを報道する．
- 情報文の中の重要な限定条件をオミットする．
- 中間色の表現を無視して，すべてを白か黒の状態に表現する．
- 他のシナリオもあるのに，最悪のシナリオが起こる確率が最も高いと書く．
- 知らされた情報のみでは満足せず，隠していることがないかを探そうとする．
- パニックが起きたりするのを恐れ，科学的な自信がないときに情報がすぐ出ないような場合，ジャーナリストは懐疑的になり，重大な局面になっているのではないかと疑う．
- 科学者間の意見の相違，危機管理の責任者としての行政の意見の相違を見つけだそうとする．

・情報発表の資格がないと，観測所員や対策本部のメンバーを悩ませる．

　火山活動に異常が発生したとき，噴火が起きたときには，気象官署や大学の観測所は多忙を極めているので，無闇に建物に入らないようにして欲しいと思う．また，予知連絡会は経験豊かな科学者で構成されているので，予知連絡会発表を正しく報道して，センセーショナルな報道は慎んでもらいたいと思う．予知連絡会の発表内容と異なる意見を他の学者に聞いて報道するのも自粛して欲しい．国民はどれを信じてよいのか迷うのみである．それにもまして，科学者とジャーナリストの通常の交流や，火山現象に関する講義をするのも，両者の意思疎通に有効であろう．

文　　献

2　章
Brown, E. W. (1925) : *Amer. J. Sci.*, **9**, 2, 108–110.
大学合同観測班測地グループ (1992)：雲仙岳溶岩流出の予知に関する観測研究, p. 41.
Decker, R. and B. Decker (1991) : Mountains of Fire（火の山, 井田喜明訳, 西村書店, 1995), p. 58.
Fiske, R. S. and W. T. Kinoshita (1969) : *Science*, **165**, 341, 344, 347.
Hamaguchi, H. et al. (1983) : Volcanoes of Nyiragongo and Nyamuragira, Faculty of Science, Tohoku Univ., p. 39.
Hasegawa, A. and D. Zhao (1994) : Magmatic Systems (ed. M. P. Ryan), Academic Press, p. 188.
井田喜明 (1986)：火山, **31**, 1, 9.
Klein, F., R. Y. Koyanagi, J. S. Nakata and W. R. Tanigawa (1987) : Volcanism in Hawaii, U. S. Geol. Surv., Prof. Paper, 1350, p. 1045.
久城育夫 (1981)：第 3 回「大学と科学」公開シンポジウム予稿集, p. 30.
Matumoto, T. (1971) : *Geol. Soc. Amer. Bull.*, **82**, 2910.
Mikada, H., H. Watanabe and S. Sakashita (1997) : *Phys. Earth and Planetary Interiors*, **104**, 264.
西　潔・田沢堅太郎 (1985)：伊豆大島集中総合観測報告, p. 10.
Omori, F. (1961) : *Bull. Imp. Earthq. Inv. Committee*, **8**, 160.
Ono, K. et al. (1978) : *J. Phys. Earth*, **26**, Suppl., S 318.
Simkin and Siebert (1994) : VOLCANOES OF THE WORLD, Smithsonian Institution, p. 9.
Shimozuru, D. (1987) : Volcanism in Hawaii, U. S. Geol. Surv., Prof. Paper, 1350, p. 1340, 1342.
東京大学地震研究所 (1986)：火山噴火予知連絡会報, 第 35 号, p. 42.
Wright, T. L., D. L. Peck and H. R. Shaw (1976) : *Amer. Geophys. Union, Geophys. Monograph*, **19**, 382.
横山　泉 (1992)：火山, 岩波書店, p. 55.

3　章
Björnsson, A. et al. (1978) : Nordic Volcanol. Inst. Publ.
Decker, R. W. and W. T. Kinoshita (1970) : The Surveillance and Prediction of

Volcanic Activity, UNESCO, Earth Sci., 8.
藤井敏嗣（1997）：火山とマグマ，東京大学出版会，p. 52.
Ishihara (1985): *J. Geodynamics*, **3**, 348.
甲藤好郎（1976）：伝熱理論，養賢堂，p. 301.
都城秋穂・久城育夫（1975）：岩石学 II, 共立全書，表 16-1.

4 章
山科健一郎（1998）：火山，**43**, 5, 392.

5 章
Dzurisin, D. (1980): *Geophys. Research Letters*, **7**, 11, 927.
気象庁（1990）：伊豆半島東方沖の群発地震及び海底火山噴火に関する調査，p. 17.
中村一明（1984）：火山，**29**, 特集号，17.
津屋弘逵（1971）：富士山，富士山総合学術調査報告書，p. 60.

6 章
門村 浩・岡田 弘・新谷 融編（1988）：有珠山—その変動と災害，北海道大学図書刊行会，p. 227, 232.
海上保安庁水路部（1989）：水路部研究報告，**26**, 20.
気象庁（1990）：伊豆半島東方沖の群発地震及び海底火山噴火に関する調査，p. 123, 128.
Lowenstein, P. L. (1988): GEOLOGICAL SURVEY OF PAPUA NEW GUINEA, Report 88/32, Fig. 6.
宮崎 務（1984）：火山，**29**, 特集号，S 12.
Mori, J. et al. (1989): Volcanic Hazards, Springer-Verlag, p. 261, 431, 439.
長崎県（1998）：雲仙・普賢岳噴火災害誌，口絵写真.
Nakada, S. and T. Fujii (1993): *J Volcanol. Geotherm Res.*, **54**, 326.
太田一也（1998）：雲仙・普賢岳噴火災害誌，長崎県，p. 439.
坂口圭一他（1988）：火山，**33**, 特集号，S 24.
沢田宗久他（1988）：火山，**33**, 特集号，S 109.
下鶴大輔（1985）：火山活動をとらえる，東京大学出版会，p. 84.
山科健一郎（1994）：雲仙岳溶岩ドームの形成と崩落に関する総合的観測研究，p. 19.
山里 平他（1988）：火山，**33**, 特集号，S 122.
横山 泉・勝井義雄・大場与志男（1973）：有珠山—火山地質・噴火史・活動の現況および防災対策，北海道防災会議.

7 章

藤井敏嗣・中田節也 (1993)：月刊地球, **15**, 8, 485.
門村　浩他 (1989)：有珠山—その変動と災害, 北海道大学図書刊行会, p. 200.
勝井義雄 (1986)：南米コロンビア国ネバド・デル・ルイス火山の 1985 年噴火と災害に関する調査研究, p. 18.
小林俊一 (1993)：なだれと火砕流, 月刊地球, **15**, 8, 461.
国土庁防災局 (1992)：火山噴火災害危険区域予測図—作成指針.
国際赤十字社・赤新月社連盟 (1997)：世界災害報告, 日本赤十字社監訳, p. 120.
Macdonald, G. A. (1972): VOLCANOES, Prentice-Hall, p. 149.
Macdonald, G. A. (1977): Disaster Prevention and Mitigation, UNITED NATIONS, p. 21.
関谷清景・菊地　安 (1988)：磐梯山破裂実況取調報告, 官報, 1555 号.
Sekiya, S. and Y. Kikuchi (1989): The eruption of Bandai-san, *Tokyo Imp. Univ. Coll. Sci.*, J. 3.
Sigurdsson, H. (1982): *EOS*, **63**, 32, 601, Aug. 10.
下鶴大輔他編 (1995)：火山の事典, 朝倉書店, p. 6.
多田文男・津屋弘逵 (1927)：東大地震研究所彙報, **2**.
Tilling, R. I. (1989): *Review of Geophysics*, **27** (2), 260.

8 章

駒ヶ岳火山防災会議協議会 (1983)：北海道駒ヶ岳災害予測図.

〈参考書〉

[事典・辞典など]
下鶴大輔・荒牧重雄・井田喜明編 (1995)：火山の事典, 朝倉書店.
勝又　護編 (1993)：地震・火山の事典, 東京堂出版.
松澤　勲監修 (1988)：自然災害科学事典, 築地書館.
地学団体研究会編 (1991)：新版地学事典, 平凡社.
気象庁 (1991)：日本活火山総覧 (第 2 版).

[火山学の教科書的書物]
横山　泉・荒牧重雄・中村一明編 (1992)：火山 (岩波地球科学選書), 岩波書店.
兼岡一郎・井田喜明編 (1997)：火山とマグマ, 東京大学出版会.
下鶴大輔 (1985)：火山活動をとらえる, 東京大学出版会.
中村一明 (1978)：火山の話 (岩波新書), 岩波書店.
中村一明 (1989)：火山とプレートテクトニクス, 東京大学出版会.
中村一明・松田時彦・守屋以智雄 (1987)：火山と地震の国, 岩波書店.
久保寺　章 (1973)：火山の科学 (NHK ブックス), 日本放送出版協会.
守屋以智雄 (1983)：日本の火山地形, 東京大学出版会.

小坂丈予 (1991)：日本近海における海底火山の噴火, 東海大学出版会.
荒牧重雄・白尾元理・長岡正利編 (1989)：空からみる日本の火山 (理科年表読本), 丸善.
[啓蒙的書物]
宇井忠英編 (1997)：火山噴火と災害, 東京大学出版会.
R. Decker and B. Decker (井田喜明訳) (1995)：火の山, 西村書店.
下鶴大輔日本語監修 (1984)：火山 (タイムライフブックス), 西武タイム.
守屋以智雄 (1992)：火山を読む, 岩波書店.
伊藤和明 (1981)：火山—噴火と災害—, 保育社.
伊藤和明 (1977)：地震と火山の災害史, 同文書院.
伊藤和明 (1993)：巨大地震と大噴火, 世界文化社.
村山　磐 (1978)：日本の火山 (I), (II), (III), 大明堂. (古文書主体)
藤井敏嗣 (1992)：火山と地震の事典, 大日本図書. (子供のために)

あとがき

　この原稿執筆の最終段階で，北海道の有珠山で噴火が起こった．噴火活動の途中経過を急遽 6 章に書き足した．この先の活動のシナリオには不明な点もあるが，1910（明治 43）年の噴火時には洞爺湖周辺には温泉はなかった．上昇したマグマの熱によって地下水が暖められて温泉が湧きだしたのであった．その後，今のように多数のホテルができて観光地として繁栄してきたのである．このように火山からは恩恵を享受できる反面災害をももたらす．

　鹿児島の桜島は 1955（昭和 30）年以来南岳山頂火口から爆発的噴火が始まり，現在まで数千回の噴火を繰り返している．降灰や土石流によって慢性的な被害が続いているのは周知の事実である．桜島は鹿児島の象徴の一つで，噴煙は「燃えてあがるはオハラハラ桜島」と歌われるように古くから観光の目玉の一つである．伊豆大島も然りである．御神火あっての三原山であった．噴火を人為で止めることはできない．しかし，地球のダイナミックな営力で必ず起こるのである．ここに，人類はいかに火山と付き合っていくかが問題になってくる．

　筆者が以前ハワイ島キラウエア火山のカルデラ縁にあるハワイ火山観測所に滞在していたときに恥ずかしい思いをしたことがある．所員の一人が面白いものを見せてやろうというので，建物から出たら，日本人の観光客の一段がキャーキャーいいながら，ハレマウマウ火口をバックにして記念写真を撮って，すぐバスに乗って去っていった．一方，アメリカ人観光客は観測所の地震計記録ドラムを暫く眺めており，そのあと，火口の写真を撮ったり付近を歩き回っていた．このような日本人の挙動・振る舞いは日本でもよく見かけるパターンだ．火山という素晴らしい自然を観察するのではなく，目的地で記念写真を撮ってお土産を買って帰るというのが普通だ．これでは何も収穫はないだろう．せっかく火山に来たのだから，少しでもその火山についての知識も得てもらいたい．さらには，親が子供達にもわかりやすく説明してもらいたいものだ．そ

のためには,その火山の生い立ち,活動史,予想される災害などをやさしく解説したパンフレットが休息所に置いてあって,観光客が自由にとって,その火山についての知識が得られるようにすべきである.これは自治体の責任で専門家の協力を得て作成すればよい.これが成功するか否かはひとえに観光客の意識にかかっている.スピーカーから歌が流れる中で記念写真を撮るばかりが能ではない.火山の知識を得てこそ正しい観光のあり方であろうと考える.

一方,自治体は火山活動によっては必要に応じて立ち入り規制・道路規制を直ちにする勇気を持たなければならない.噴火中なのに「噴気中」と書いた立て札を立てている火山を二つ見たことがある.万全の対策が火山観光の基本であることを肝に銘じてもらいたい.観光客にも自治体にも徹底的な意識革命を望みたい.さらにいえば,日本人は昔から自然とは距離をおいて接してきたと思う.そこには自然に対する謙虚な気持ちと自然を愛する心があった.また,昔の人は自然の猛威から命や財産を守る本能に近い感覚がとぎすまされていたように思う.自己の判断能力の向上と自己の責任感が,いかにその人を災害から救うかということについて改めて思いをいたす必要があろう.火山を訪れて多くの観光客を見るにつけて,このようなことを感じている.

1章で述べたように本書は火山に関する学術書をめざしたものではない.火山現象の科学的解説書は多数出版されているので,趣を異にした読み物を狙ったつもりである.基本的な考え方は,人類が火山とどのように付き合っていくか(火山との共生)であった.そのためには,火山現象の理解と災害の軽減が重要なポイントになる.つまり,「火山との対話」的な内容になってしまった.筆者の12年間の火山噴火予知連絡会会長の間に起こった多くの噴火とそれに付随したさまざまな出来事,さらには,気象庁が発表する火山情報などに多くの頁を割いた結果になった.本書が火山を抱える自治体,報道関係者や学校の先生方に少しでもお役に立てば幸いである.本文中の引用文献は一々記載していないが,図・表の出典と参考になる書物の例を巻末にあげた.

本書の出版については朝倉書店編集部の方々に原稿の不備への指摘などたいそうお世話になった.厚く御礼申し上げる.

索　　引

●あ 行

アア溶岩　114
IAVCEI　56
姶良カルデラ　28, 29
アグン火山　56
浅間山　11, 62
アセノスフェア　8
圧縮力　37
安山岩質マグマ　34

伊豆大島　41, 42, 68
伊豆東部火山群　30, 62, 72, 150
伊豆鳥島　123
岩なだれ　100

有珠山　48, 84
ヴルカン火山　81
雲仙普賢岳　30, 74, 148

エアロゾル　98
エトナ火山　114
FEMA　144
MSS画像　66
エルチチョン火山　100

大島　43
御嶽山　42

●か 行

海城地震　49
塊状溶岩　114
海底噴火　36, 72
海洋底中央海嶺　8
海洋プレート　18
海嶺　20

海嶺型火山　20
海嶺玄武岩　20
加害因子　92, 140
確率過程　59
火孔　37
火口湖　106
火砕サージ　35, 105
火砕物　39
火砕流　35, 77, 100, 102, 104, 105
火山ガス　116
火山活動　42
火山観測指針　123
火山観測情報　87
火山岩類　12
火山災害　90
火山災害予測図　107, 136
火山情報　125, 126
火山弾　35
火山灰　35, 95
火山フロント　9
火山噴火予知計画　55
火山噴火予知連絡会　15, 134
火山毛　35
火山連絡官　154
活火山　10, 12
活火山カタログ　13
活火山法　13, 55, 126
火道　37
カトマイ火山　21, 103
カトラ火山　111
火薬爆発　23
軽石　35
カルデラ　23, 80
ガルングン火山　99
勧告　147
岩屑流　35, 100

索引

岩脈 30, 61

危機管理 141
危険度評価 139
気候変動 98
気象庁火山業務 122
寄生火山 11
木曽御嶽山 12
揮発性成分 32
休火山 12
キラウエア火山 17, 24, 30, 35
緊急火山情報 86, 87
錦江湾 28

グアドループ島 151
クラブラカルデラ 33
クルー火山 56
群発地震 73, 74, 75

警戒区域 77, 148
珪酸 32
警報レベル 130, 133
結晶分化作用 19, 34
ケルート火山 56, 94, 106
玄武岩質マグマ 19, 34

高温型ガス 118
宏観異常現象 43, 44, 45
航空機 99
洪水 106
構造探査 21
交通規制 63
降灰 95

● さ 行

災害 91
災害危険図 140
災害実績図 139
災害対策基本法 147
災害予測図 140
桜島 27, 46, 54
桜島火山観測所 38
サージ 97

砂防ダム 112
山体崩壊 35

死火山 12
指示 147
自主避難 54
自主防衛組織 143
地震予知 55
自然災害 90, 92
地盤隆起 73
終息宣言 63
住民広報図 140
住民避難 63
重力測定 27
準備段階 42
衝撃波 35, 39
昭和新山 86
GPS 測定 27
シリカ 34
伸張力 37

水位 47
水準測量 27
水蒸気爆発 35, 37, 76, 110
スコリア 35
ストロンボリ式噴火 36, 68
スーパープリューム 16

潜在円頂丘 86
前兆現象 57
セントビンセント島 151
セントヘレンズ火山 63, 95, 101

側火山 11
測地学審議会 55
soda pop model 38

● た 行

タアル火山 56, 106
ダイアピル 18
体積膨張 39
帯溶融 19
第四紀 12

大陸地溝　8
タウルウル火山　81
立ち入り規制　63
脱水分解　20
短期的予知　58
単成火山　11
単成火山群　62, 72
タンボラ火山　94

地域防災計画　141
地殻変動　88
地球潮汐　26, 59
地磁気　69
中期的予知　58
長期的予知　58
直前予知　59

ディエン火山　116
低温型ガス　118
デイサイト質マグマ　34, 86
手石海丘　74
泥流　100, 106, 108, 110
Tephra Hazards　94
デブリアヴァランシュ　101

島弧　8, 34
同報無線　144
十勝岳　109
土石流　100, 106
トモグラフィー　16
ドライアヴァランシュ　101
トンネル　107

● な 行

流れ災害　100
流れ山　101

ニオス湖　116
二酸化硫黄　118
二酸化炭素　119
日光白根山　24
日本活火山総覧　15
日本活火山要覧　13

ニヤムラギーラ　24

ネヴァド・デル・ルイス火山　107, 136
熱雲　103
粘性率　35

ノヴァラプタ　103

● は 行

灰かぐら　105
爆発地震　38
爆発的噴火　37
爆風　101, 102
箱根山　42
ハザードマップ　77, 97, 149
発泡　38
パホエホエ　114
ハレマウマウ　25
ハワイ式噴火　35
磐梯山　101

引き金　59
微動　69
微動計　88
ピナトゥボ火山　12, 130
避難勧告　77, 148
避難訓練　79, 142
避難計画書　145
避難指示　147
氷床コア　99

フィリピン海プレート　68
複成火山　11
富士山　12, 60
沸騰曲線　39
部分溶融　20
プリニ式噴火　36
プリュームテクトニクス　16
浮力　18, 19
ブルカノ式噴火　36
プレート　8
プレート消滅型火山　18
Flowage Hazards　94, 100

索　引

噴火間隔　66
噴火災害予測図　108
噴火の規模　62
噴火予知　52, 57

ヘイマエイ島　115
ベースサージ　105, 106
ペレの毛　95
辺長測量　27

宝永噴火　94
ホットスポット　8
ホットスポット型火山　17

●ま 行

マウナロア火山　17, 35, 115
マグマ　15, 34
マグマ水蒸気爆発　36, 61, 88
マグマ溜り　20, 24, 28, 37
マグマ噴火　36
magma body　30
マントル　16
マントルウェッジ　19

見かけ電気比抵抗　41, 69
三原山　41, 68
三宅島　48, 61, 66, 142, 145
妙義山　11

メディア　153

茂木モデル　29
モニターシステム　49

●や 行

融解点　18

有感地震　48
有感微動　74
遊砂地　112
融点降下　18

溶解度　32
溶岩円頂丘　86
溶岩湖　17, 25
溶岩ドーム　35
溶岩トンネル　114
溶岩噴泉　35
溶岩流　35, 100, 114, 115
溶融体　23
ヨークルフロイプ　111
横なぐり噴煙　106
予知　52

●ら 行

ラキ火山　98
ラバウルカルデラ　80, 142, 154
ラハール　106, 107

陸弧　34
リダウト火山　99
リフトゾーン　25
硫化水素　119
流動化現象　104
流紋岩質マグマ　34
臨界状態　60
輪廻　57

ルアペフ火山　107

レベル分け　130

ロープ　77

著者略歴

下鶴　大輔（しもづる・だいすけ）

1924 年　東京に生まれる
1947 年　東北帝国大学理学部地球物理学科卒業
1956 年　九州大学理学部物理学科助教授
1966 年　東京大学地震研究所教授
1981 年　同上所長（1983 年まで）
　　　　火山噴火予知連絡会会長（1993 年まで）
現　在　東京大学名誉教授，気象審議会会長
　　　　理学博士

火山のはなし ―災害軽減に向けて―　　定価はカバーに表示

2000 年 7 月 10 日　初版第 1 刷
2000 年 9 月 1 日　　第 2 刷

著　者　下　鶴　大　輔
発行者　朝　倉　邦　造
発行所　株式会社　朝倉書店
　　　　東京都新宿区新小川町 6-29
　　　　郵便番号　162-8707
　　　　電　話　03（3260）0141
　　　　Ｆ Ａ Ｘ　03（3260）0180
　　　　http://www.asakura.co.jp

〈検印省略〉

Ⓒ 2000　〈無断複写・転載を禁ず〉　　シナノ・渡辺製本

ISBN 4-254-10175-9　C 3040　　Printed in Japan

Ⓡ〈日本複写権センター委託出版物・特別扱い〉
本書の無断複写は，著作権法上での例外を除き，禁じられています．
本書は，日本複写権センターへの特別委託出版物です．本書を複写
される場合は，そのつど日本複写権センター（電話03-3401-2382）
を通して当社の許諾を得てください．

下鶴大輔・荒牧重雄・井田喜明編

火　山　の　事　典

16023-2　C3544　　A 5 判　608頁　本体20000円

桜島，伊豆大島，雲仙をみるまでもなく日本は世界有数の火山国である。それゆえに地質学，地球物理学，地球化学など多方面からの火山学の研究が進歩しており，災害とともに社会的な関心が高まっている。主要な知識を正確かつ簡明に解説。〔内容〕火山の概観／マグマ／火山活動と火山帯／火山の噴火現象／噴出物とその堆積物／火山帯の構造と発達史／火山岩／他の惑星の火山／地熱と温泉／噴火と気候／火山観測／火山災害／火山噴火予知／世界の火山リスト／日本の火山リスト

宇津徳治・嶋　悦三・吉井敏尅・山科健一郎編

地　震　の　事　典

16016-X　C3544　　A 5 判　584頁　本体15000円

東京大学地震研究所を中心として，地震に関するあらゆる知識を正確かつ簡明に系統的・包括的に記述した唯一の総合事典。付録として16世紀以降の世界の主な地震と5世紀以降の日本の被害地震についてマグニチュード，震源，被害等も列記。〔内容〕地震の概観／地震観測と観測資料の処理／地震波と地球内部構造／変動する地球と地震分布／地震活動の性質／地震の発生機構／地震に伴う自然現象／地震による地盤振動と地震災害／地震の予知／外国の地震リスト／日本の地震リスト

芝工大 岡田恒男・京大 土岐憲三編

地　震　防　災　の　事　典

16035-6　C3544　　A 5 判　700頁　本体24000円

〔内容〕過去の地震に学ぶ／地震の起こり方(現代の地震観，プレート間・内地震，地震の予測)／地震災害の特徴(地震の揺れ方，地震と地盤・建築・土木構造物・ライフライン・火災・津波・人間行動)／都市の震災(都市化の進展と災害危険度，地震危険度の評価，発災直後の対応，都市の復旧と復興，社会・経済的影響)／地震災害の軽減に向けて(被害想定と震災シナリオ，地震情報と災害情報，構造物の耐震性向上，構造物の地震応答制御，地震に強い地域づくり)／付録

日大 萩原幸男編

災　害　の　事　典

16024-0　C3544　　A 5 判　416頁　本体16000円

自然災害は自然現象と人間生活との接点において発生する。こうした自然災害の実体を実例にしたがって記述し,その予知と防災に説き及ぶ。〔内容〕地震災害(メキシコおよびロマ・プリエータ地震などによる災害とその教訓)／火山災害(噴火予知計画の手法と実例—セントヘレンス火山，雲仙岳など)／気象災害／雪氷災害／土砂災害／リモートセンシングによる災害調査／地球環境変化と災害／地球災害と宇宙災害／付録：日本と世界の主な自然災害年表

元北大 針谷　宥編著

概説 地　球　科　学

16033-X　C3044　　A 5 判　208頁　本体3200円

地球科学の最新情報にも配慮した教科書。〔内容〕地球と宇宙(太陽系，銀河系，人工衛星)／地球をつくる物質(層状構造，鉱物と岩石他)／進化する地球(地殻，生命の歴史)／変動する地球(地震，火山，大陸の形成)／地球と人間(地形，環境)

東大 瀬野徹三著

プレートテクトニクスの基礎

16029-1　C3044　　A 5 判　200頁　本体3800円

豊富なイラストと設問によって基礎が十分理解できるよう構成。大学初年度学生を主対象とする。〔内容〕なぜプレートテクトニクスなのか／地震のメカニズム／プレート境界過程／プレートの運動学／日本付近のプレート運動と地震

上記価格（税別）は 2000 年 6 月現在